内蒙古自治区科学技术厅科技成果转化专项项目（项目编号：2019CG018），
内蒙古自治区科技厅内蒙古自然基金项目（项目编号：2018BS03004）

文冠果活性炭的制备与应用研究

郝一男　王喜明　著

吉林大学出版社
·长春·

图书在版编目(CIP)数据

文冠果活性炭的制备与应用研究 / 郝一男，王喜明著. — 长春 : 吉林大学出版社，2020.9
ISBN 978-7-5692-7023-5

Ⅰ. ①文… Ⅱ. ①郝… ②王… Ⅲ. ①文冠果－应用－活性炭－制备 Ⅳ. ①TQ424.1

中国版本图书馆 CIP 数据核字 (2020) 第 167708 号

书　　名：文冠果活性炭的制备与应用研究
WENGUANGUO HUOXINGTAN DE ZHIBEI YU YINGYONG YANJIU

作　　者：郝一男　王喜明　著
策划编辑：邵宇彤
责任编辑：曲　楠
责任校对：刘守秀
装帧设计：优盛文化
出版发行：吉林大学出版社
社　　址：长春市人民大街4059号
邮政编码：130021
发行电话：0431-89580028/29/21
网　　址：http://www.jlup.com.cn
电子邮箱：jdcbs@jlu.edu.cn
印　　刷：定州启航印刷有限公司
成品尺寸：170mm×240mm　16开
印　　张：11
字　　数：205千字
版　　次：2020年9月第1版
印　　次：2020年9月第1次
书　　号：ISBN 978-7-5692-7023-5
定　　价：45.00元

前　言

活性炭是一种黑色多孔的固体炭质，是传统而现代的人造材料，又称碳分子筛。其主要成分为碳，并含少量氧、氢、硫、氮、氯等元素。普通活性炭的比表面积为 500 ～ 1 700 m^2/g，具有很强的吸附性能，为用途极广的一种工业吸附剂。果壳活性炭主要以果壳和木屑为原料，经碳化、活化、精制加工而成，具有比表面积大、强度高、粒度均匀、孔隙结构发达、吸附性能强等特点，被广泛应用于饮用水、工业用水和废水的深度净化。

文冠果（*Xanthoceras sorbifolia* Bunge）是我国特有的木本油料树种，其种仁含有很高的不饱和脂肪酸成分，常用作食用油和制备生物柴油的原料，其加工剩余物子壳和果壳未被利用而通常被丢弃。本书利用文冠果加工生物柴油的剩余物制备活性炭及其纤维，应用于含重金属离子（铅、铜、汞）以及有机染料（亚甲蓝、碱性品红、甲基橙）等废水的处理，并将活性炭纤维负载碳酸钾作为制备生物柴油的固体碱催化剂。大力开展文冠果资源的开发利用，对于废弃物再利用、废水处理、新能源开发以及环境保护具有十分重要的意义。

本书共 12 章。第 1 章文冠果简介，第 2 章果壳基活性炭研究现状，第 3 章文冠果壳活性炭吸附 Cu^{2+} 的研究，第 4 章文冠果子壳活性炭对 Pb^{2+} 的吸附及解吸，第 5 章硝酸改性文冠果壳活性炭吸附 Ca^{2+} 的研究，第 6 章硝酸镧改性文冠果壳活性炭对 Hg^{2+} 的吸附，第 7 章硝酸铈改性文冠果壳活性炭对 Hg^{2+} 的吸附，第 8 章纳米 Fe_3O_4 颗粒磁化文冠果活性炭对 Hg^{2+} 的吸附，第 9 章磁性文冠果活性炭 MXSBAC 吸附三组分染料的研究，第 10 章磁性文冠果活性炭 MXSBAC 对双组分染料的竞争吸附，第 11 章文冠果壳活性炭纤维负载 K_2CO_3 制备生物柴油，第 12 章结论与展望。本书由内蒙古农业大学王喜明教授主审。

本书所介绍的成果源自内蒙古自治区科学技术厅科技成果转化专项项目（项目编号：2019CG018），内蒙古自治区科技厅内蒙古自然基金项目（项目编号：2018BS03004），在此表示衷心的感谢。

相信本书的出版发行，将为文冠果的开发和利用提供思路，并为进一步的生产利用提供基础数据和理论支撑。

限于写作水平和时间，书中难免存在疏漏和不足之处，恳请广大读者批评与指正。

著 者

2020 年 6 月 1 日

目　录

绪 论

党的十九大报告提出，坚持人与自然和谐共生，建设生态文明是中华民族永续发展的千年大计。从“推进绿色发展、着力解决突出环境问题、加大生态系统保护力度、改革生态环境监管体制”四个方面对加快生态文明体制改革、建设美丽中国作出具体部署，是科技工作者新时代发展生态文明建设科技保障服务的行动指南。绿水青山就是金山银山，我国生态文明建设的主要任务是环境污染治理，同时，我国是一个水资源短缺、水资源分布不均的国家，水资源总量居世界第六位，人均占有量只有 2 500 m^3，为世界人均水量的 1/4，在世界排第 110 位。我国水资源污染较为严重，用水效率较低，国家水利部曾对我国 532 条河流进行监测，发现有 436 条河流受到不同程度的污染；7 大河流流经的 15 个主要城市河段中，有 13 个河段的水质污染比较严重，占 87%。我国人口密集地区的湖泊、水库几乎全部受到污染，湖泊受污染达到高营养化水平的已占全部湖泊的 63.6%。全国 80% 的水域和 45% 的地下水受到污染，90% 以上的城市水源严重污染[1]。中国以地下水源为主的城市中，地下水几乎全部受到不同程度的污染，尤其是北方许多城市，由于超采严重，地下水的硬度、硝酸盐、氯化物的含量逐年上升，以致超标。据统计，目前水中污染物已达 2 000 多种，主要为有机化学物、碳化物以及金属物[2]。水质的不断恶化，大量工业废水和生活污水排放量的日益增加，不仅导致流域及地下水体等使用功能的大幅度下降，造成可利用水资源的不断减少，还给经济及社会的绿色可持续发展带来了诸多不良影响。在这一状况下，水资源保护及污染治理已刻不容缓。

工业废水是水环境污染的主要源头之一。工业废水处理在发达国家已有较成熟的经验，如英国、德国、芬兰、荷兰等欧洲国家均已投资对因工业革命和经济发展带来的水污染进行治理；日本、新加坡、美国、澳大利亚等国家也对污水处理给予了较大的投资。近些年来，虽然我国对工业废水加强了处理，但污水的排放量仍在不断增加，导致水环境也不断恶化。我国的城市污水量正以每年 6.5% 的速度增长，然而，由于资金、能源等方面的制约，工业废水的处理现已成为经济发展和水资源保护不可或缺的重要组成部分。近些年，内蒙古自治区的鄂尔多斯市、包头市、扎兰屯市及呼和浩特市等地的采矿、冶金、食品、制药等工业进入快速增长的时期，人们生存环境中含各种重金属离子的洗涤废水、电镀废水等大量工业污染物逐渐增多，这些工业废水的经济价值较高，但也对我国人民的健康和生存环境产生了严重的危害，政府实施了相应的政策法规用以保护水源、预防水体污染。因此，人们对健康、环保、可持续发展提出了更高的要求，由此带动了发展绿色环保以及可重复利用的工业废水处理新材料新技术产业的快速增长[3]。

为了减少和控制重金属对环境的危害，我国和国外的一些学者致力于研究处理重金属污染的技术，并且研发出了许多高效、经济、安全的处理方法。主要的方法有化学沉淀法、电化学法、生物法、物理化学法、膜分离法等[4-5]。这些处理方法在一定程度上取得了良好的效果，但普遍存在价格昂贵、沉降性能差、污染严重、使用寿命短、不易再生等缺点，使其实际应用受到限制[6]。吸附法是处理水中重金属离子最热门的技术之一，是一种生物质原料转化为生物质碳材料之后对重金属进行吸附的方法，这类低成本、高效、无毒且可循环利用的生物质碳材料综合利用的新型废水处理剂具有吸附效率高和吸附速度快等优点，如活性炭、石墨烯、碳纳米管、富勒烯等[7]。各种碳材料都具有独特的结构和良好的吸附性能，因此，生物质碳材料在废水和废气污染物处理领域也一直扮演着重要的角色[8]。

随着现代科技的迅猛发展，人类对能源的需求量也与日俱增，而传统的化石能源日渐消耗，污染问题也愈来愈引起人们的重视。因此，全球能源产业正向清洁、高效的新兴可再生能源转型。近几年，生物质能的消费总量跃居第四位，仅次于煤炭、石油和天然气。

生物质碳材料因其独特的性能而得到持久性关注。生物质碳材料的表面含有较多的含氧基团，因而可以用来去除水溶液中的有机染料[9-10]和重金属离子[11]。活性炭是由生物有机物质(如煤、石油和沥青等)经过脱水、碳化、活化等一系列过程制成的一种黑色的无定形炭[12]。其无定型结构中类似石墨的微晶结构，是由二维有序的六角形晶格和另一维无规则结构交联组成的，这种微晶结构使活性炭具有了丰富的孔隙结构和巨大的表面积(见图 0–1)。实验数据表明，活性炭中由微孔构成的内表面积约占总面积的 95% 以上，而另外的 5% 包括过渡孔和大孔。这些空隙结构与活性炭的原料来源及制备中的活化过程密切相关[13]。按原料的来源不同，可以将活性炭分为骨炭、煤质炭、果壳炭、木质炭等；按活化过程的不同，又可分为化学法炭、物理法炭、物理化学法炭；而根据颗粒形状大小的不同，可分为颗粒活性炭、粉状活性炭、球状活性炭、圆柱形活性炭、纤维状活性炭。

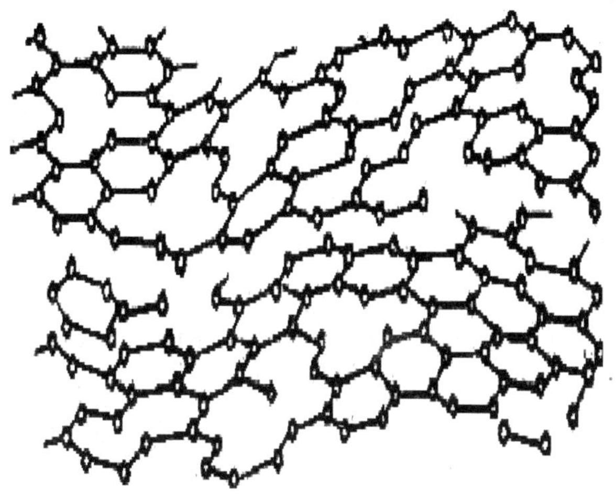

图 0-1 活性炭分子结构图

活性炭的表面通常含有一些含氧基团，如羧基（-COOH）、羰基（C=O）、醚基 (-O-)、羟基 (-OH) 等。它们对活性炭的吸附性能影响较大。通常情况下，活性炭含氧基团多，对阳离子的交换特性就强；相应地，含氧基团少，就对阴离子的交换特性强。因此，人们常用一些强氧化性的酸，如浓硫酸、硝酸等氧化活性炭，通过增加其表面的含氧基团以达到增强其吸附性能的目的。发达的微孔结构，优异的吸附性能，使活性炭成为世界上公认的“万能吸附剂”。如在化工方面，活性炭通常作为催化剂的载体；在食品工业方面，它可用于酒类、饮料等食品的吸附脱色；在环保方面，用于污水的处理和有害气体的净化等。特别在污水处理方面，活性炭作为吸附剂有以下优点：①较高的比表面积，吸附量大；②耐酸耐碱，化学性质稳定，可应用于各种水环境；③表面的含氧基团使活性炭对重金属离子有选择性吸附且稳定性高；④设备简单、生产成本低[14]。

文冠果是我国特有的油料物种，文冠果果壳占文冠果全质量的30%～40%，其果壳内含有大量的纤维素和半纤维素。通常文冠果子壳和果壳未被利用而被丢弃，既造成了浪费且污染环境。我国目前对文冠果的研究主要围绕文冠果种仁油的提取、制备生物柴油、利用废弃的文冠果子壳和果壳制备活性炭等。本书围绕文冠果生物柴油加工后的剩余物文冠果壳再利用，以制备一种高性能的吸附剂和载体材料，应用于重金属、染料治理、环境保护和新能源等领域。

参考文献

[1] 高荣伟 . 我国水资源污染现状及对策分析 [J]. 忧思录，2018，49(11): 44–51.

[2] Wang H, Liu Y G, Guang M Z, et al. Grafting of β – cyclodextrin to magnetic graphene oxide via ethylenediamine and application for Cr(VI) removal[J]. Carbohydrate Polymers, 2014(113): 166–173.

[3] Haveren J. Buck chemicals from biomass[J]. Biofuels Bioproducts & Biorefining, 2008(2): 41–57.

[4] 左宋林 . 磷酸活化法活性炭孔隙结构的调控机制 [J]. 新型炭材料 , 2018, 33(4): 289–302.

[5] 王金翠 . 改性碳材料的制备及其对重金属离子吸附性能的研究 [D]. 广州 : 华南理工大学 , 2017.

[6] 李海红，杨佩，薛慧，等 . KOH 活化法制备废旧棉织物活性炭及表征 [J]. 精细化工，2018，35(1)：174–180.

[7] Faria P C, Orfão J J, Pereira M F. Adsorption of Anionic and Cationic Dyes on Activated Carbons with Different Surface Chemistries [J]. Water Research, 2004, 38(8): 2043–2052.

[8] Oh W D, Lua S K, Dong Z, et al. Performance of Magnetic Activated Carbon Composite as Peroxymonosulfate Activator and Regenerable Adsorbent via Sulfate Radical–mediated Oxidation Processes[J]. Journal of Hazardous Materials, 2015(284):1–9.

[9] Park J, Hung I, Gan Z, et al. Activated Carbon from Biochar: Influence of Its Physicochemical Properties on the Sorption Characteristics of Phenanthrene[J]. Bioresource Technology, 2013, 149(149C): 383–389.

[10] Iranmanesh S, Harding T, Abedi J, et al. Adsorption of Naphthenic Acids on High Surface Area Activated Carbons[J]. Journal of Environmental Science & Health Part A Toxic/hazardous Substances & Environmental Engineering, 2014, 49(8): 913–922.

[11] Kadirvelu K, Thamaraiselvi K, Namasivayam C, et al. Removal of Heavy Metals from Industrial Wastewaters by Adsorption onto Activated Carbon Prepared from An Agricultural Solid Waste[J]. Bioresource Technology, 2001, 76(1): 63–65.

[12] Kim J W, Sohn M H, Kim D S, et al. Production of Granular Activated Carbon From Waste Walnut Shell And Its Adsorption Characteristics For Cu^{2+} Ion[J]. Journal of

Hazardous Materials, 2001, 85(3): 301–315.

[13] Zabihi M, Asl A H, Ahmadpour A. Studies on Adsorption Of Mercury From Aqueous Solution On Activated Carbons Prepared From Walnut Shell[J]. Journal of Hazardous Materials, 2010, 174(1–3): 251–256.

[14] Wong S, Lee Y,Ngadi N. Synthesis of Activated Carbon From Spent Tea Leaves For Aspirin Removal[J]. Chinese Journal of Chemical Engineering, 2018(26): 1003–1011.

第 1 章　文冠果简介

文冠果（*Xanthoceras sorbifolia* Bunge）为无患子科文冠果属中生灌木或小乔木，高可达 5 m。树皮灰褐色。小枝粗壮，褐紫色，光滑或有短柔毛。单数羽状复叶，互生，窄椭圆形至披针形，边缘具锐锯齿。总状花序，花瓣 5，白色，内侧基部有由黄变紫红的斑纹。蒴果（见图 1–1）3 ～ 4 室，每室具种子 1 ～ 8 粒，种子球形（见图 1–2），黑褐色，种脐白色，种仁乳白色。花期 4—5 月，果期 7—8 月。成熟的黄色的果实由白色的种仁和黑色的子壳组成。一棵 10 年生文冠果产 10 ～ 15 kg 种子，1 hm^2 能产 1 ～ 1.5 t 的种子。

图 1–1　文冠果果实

图 1–2　文冠果种子

文冠果在我国分布于内蒙古、江苏北部、山东、山西、陕西、河南、河北、甘肃、辽宁、吉林等地（见图 1–3）。在内蒙古产自哲里木盟大青沟，赤峰市翁牛特旗、喀喇沁旗，乌兰察布市凉城县，鄂尔多斯市鄂托克旗、达拉特旗、准格尔旗，阿拉善盟贺兰山。文冠果种仁含油量高达 56.36% ～ 70.00%，是北方地区重要的木本油料植物，目前，文冠果种仁油制备生物柴油的研究成为热点，并且卓有成效。文冠果油渣中淀粉和蛋白质含量高，可加工成饲料。茎杆、枝条可作蒙药。另外，文冠果耐干旱贫瘠，适应性强，根系发达，萌蘖力强，因此也是荒山绿化和水土保持的优良树种。文冠果的综合利用价值很高，是目前北方地区重点开发的非粮柴油植物[1–2]。其果树、育苗以及开花图如图 1–4 ～图 1–6 所示。

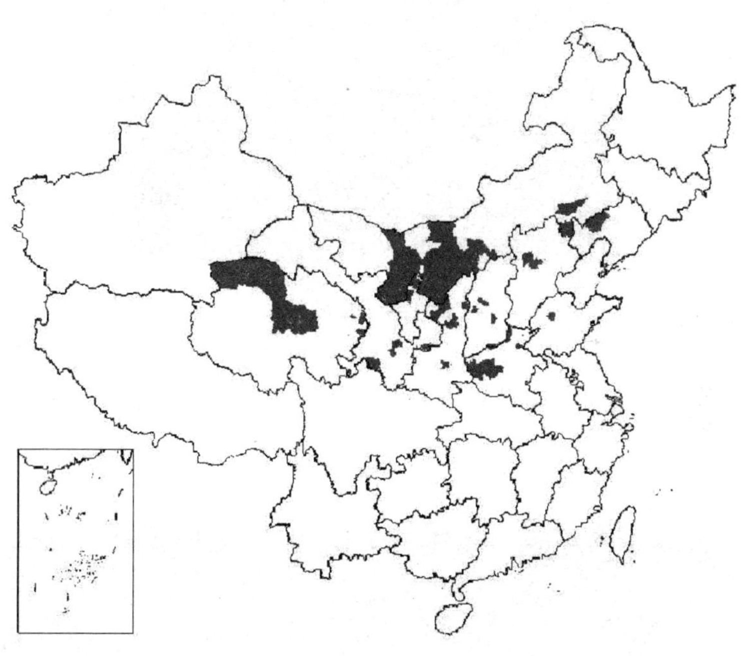

图 1–3　文冠果分布图

图 1-4　文冠果树

图 1-5　文冠果育苗

图 1-6　文冠果花

参考文献

[1] 刘慧娟 . 内蒙古非粮油脂植物资源调查及五种植物油脂理化性质分析 [D]. 呼和浩特 : 内蒙古农业大学，2013.

[2] 丁立军 . 文冠果种仁油制备生物柴油技术的研究 [D]. 呼和浩特 : 内蒙古农业大学，2013.

第 2 章　果壳基活性炭研究现状

活性炭是一种活化后的无定形碳，具有发达的多级孔隙结构和表面化学结构（表面官能团），在处理工业废水、吸附分离、食品、医药、催化、负载、电子、储能等产业有着极其重要的影响。碳化及活化是活性炭生产过程中的两个重要步骤，其实质为果壳等生物质有机原料经过预处理在特定的设备内隔绝空气加热，再与通入设备的气体发生反应，使原料表面被通入的气体侵蚀，进而产生丰富的孔隙结构。原料的分子碳化物表面遭受到点状侵蚀后（微观过程），可产生大量的孔隙，从而使活性炭具备良好的吸附性能。活性炭的表面积一般位于 500 ～ 1 500 m^2/g，其主要原因是在活性炭的孔隙分布中以 2 ～ 50 nm 的中孔为主，所以极少量的活性炭也可以具有较高的比表面积[1]。发达的孔隙结构赋予了活性炭优良的吸附性能，而果壳基活性炭因为活性优良、灰分较低、硬度相较于其他活性炭强度较高、生产原料资源丰富、价格低廉的优点，被广泛应用于水环境的处理之中。

随着现代工业的快速发展，多孔隙活性炭材料在各个产业得到了广泛的关注与应用，而不同的应用领域对活性炭孔径的要求也不同，为进一步实现活性炭在各领域间的应用，精确调控其孔径的大小及分布显得尤为重要。国内外诸多学者及生产厂家利用各种工艺技术对活性炭孔径的大小、数量及分布进行了初步调控，其中，如何利用新型工艺与社会现状相结合进行活性炭孔结构的调控依旧是国际上的研究热点。本书旨在查阅国内外最新资料，对果壳基活性炭的孔结构调控研究现状进行综述。

2.1　国内外研究现状

由于活性炭在不同应用领域的孔径大小要求不同，因此，需要对活性炭的孔径分布进行调控。其中，根据活性炭具体孔径的要求不同，其调控方法可分为微孔调控法、中孔调控法及大孔调控法；而根据调控步骤不同，又可分为活性炭生产时调控及活性炭生产后改性调控；根据生产活性炭时的加热方法不同，又可分为传统加热法调控与新型加热法调控（微波法等）。目前，国内外对活性炭孔径调控的方法主要包括物理活化调控、化学活化调控、物理－化学活化耦合调控、微波调控、高温重整孔径调控、模板孔径调控、催化孔径调控、活性炭孔径调控等方法。

如今国际上制备果壳基活性炭常用的生产技术主要包括物理活化制备法和化学活化制备法，而中国林科院林产化学工业研究所开发了“热解自活化”的新工艺，这是一种以生物质原料在碳化过程中产生的气体为活化气体生产活性炭的新型工艺[2]。以椰壳为原料制取活性炭的活化工艺比较如表 2-1 所示[2]。

表 2-1　热解活化法与通常的活化工艺比较

制备方法	工艺过程	工艺特点	活化时间	能耗	活化剂消耗	气 / 液相污染
热解自活化	椰壳—热解—活性炭	工艺简便	4	低	无活化剂	无
物理法	椰壳—碳化—活化—活性炭	工艺复杂	8	高	消耗大量水蒸气、烟道气等气体活化剂	粉尘污染
化学法	椰壳—碳化（与活化剂混合）—活化—活性炭	工艺复杂	6	低	消耗原料量数倍的磷酸、氯化锌、氢氧化钾	高

刘雪梅等[3]利用椰壳热解自活化工艺制备了果壳基活性炭，为证明采用该方法制备的活性炭具有高吸附性能，对制备过程中的热解活化机理进行了研究，并以碘吸附值、亚甲蓝吸附值作为吸附能力的衡量标准。实验结果表明，采用热解自活化法在最有工艺条件下，制备的椰壳活性炭具有 11 047.65 m^2/g 的高比表面积，而且活性炭总孔容高达 0.51 cm^3/g，微孔孔容高达 0.44 m^3/g。在进行碘吸附及亚甲蓝吸附性能测定时，数据表明，此类活性炭的碘吸附值及亚甲蓝吸附值分别为 1 302 mg/g、195 mg/g。证实了热解自活化法作为新型生产工艺的可取之处，以此方法制备活性炭时可获得高吸附性能。

孙康等[4]首次开发了不使用任何活化剂的自活化椰壳基活性炭制备高微孔生物质基活性炭，得到的椰壳基活性炭具有 87.7% 的微孔率和 258 F/g 的比电容。结果表明，经过 3 000 次充放电循环后，活性炭具有体积阻抗，保持了初始电容的 97.2%，高温自生压力使椰壳活性炭表面的无序碳结构转变为石墨结构成为可能，提高了椰壳活性炭作为导电性材料的应用。

2.2 活性炭简介

2.2.1 活性炭结构

由物理活化、化学活化等方法制得的活性炭，因活化方式、生物质前驱体不同，其孔径结构及分布也不相同。由 IUPAC 的标准可知，活性炭的孔结构根据其孔径大小可分为微孔（孔径小于 2 nm）、中孔（孔径为 2 ～ 50 nm）、大孔（孔径大于 50 nm）[5]，且三类孔隙在活性炭中分布结构如图 2–1 所示。

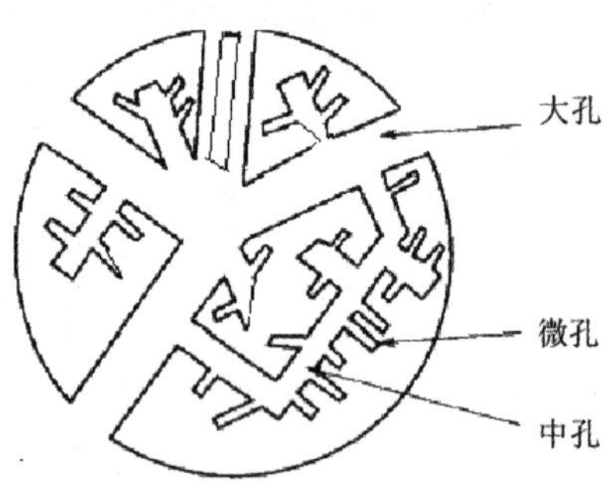

图 2–1 活性炭孔隙结构

作为活性炭的主要吸附场所，直径小于 2 nm 的微孔在活性炭的孔径分布中占据绝大部分。微孔活性炭主要用于气相吸附、小分子物质吸附等领域；中孔（2 ～ 50 nm）在活性炭中的含量较低，主要起到毛细管吸附和吸附通道的作用，中孔发达的活性炭主要用于液相吸附；大孔在活性炭中的含量也很少，在吸附过程中主要起到吸附通道的作用。

活性炭的孔隙结构与其吸附能力具有密不可分的联系，为获得具有良好吸附性能的活性炭，便需要使活性炭中尽可能拥有更多的孔径，而微孔的数量又可以直接作用到活性炭的比表面积及总孔容上，所以，市场上常见的果壳基活性炭吸附剂以微孔型活性炭为主。

2.2.2 活性炭的应用

（1）气相吸附应用。当今社会对环境保护的关注越来越多，一些有害气体易挥发到环境中，进而对环境造成严重污染，如 VOCs（挥发性有机污染物）

等。而果壳基活性炭因其发达的孔隙结构，可对 VOCs 进行有效吸附，在工业生产中具有重要应用，如废气的吸附、炼油厂催化干气中氢气的吸附、天然气管道的峰值调控等。在民用生活中，果壳基活性炭也具有极其重要的地位，如室内装修产生的甲烷等有毒气体、卫厨产生的异味等，都可用果壳基活性炭进行吸附。根据室内有毒气体的种类和分子大小，对果壳基活性炭进行孔径调控也可以特异性地将其去除，从而根除室内污染[6]。

（2）液相吸附应用。果壳基活性炭因其良好的可再生能力及发达的孔径结构，在液相吸附中具有重要的应用。在美国环保署（USEPA）制定针对于市场上流通饮用水有机污染指标的 64 项标准中，颗粒活性炭（granular activated carbon）占据了 51 项的重要地位[7]。林金海等[8]对活性炭（供注射用）以“细菌内毒素检查法”所测得数据，对其吸附细菌内毒素的能力进行了分析，在以鲎试剂对试样中的细菌内毒素进行测定时，供注射用活性炭对细菌标准溶液内的细菌内毒素的吸附率高达 99%。

（3）其他应用。果壳基活性炭在其他产业也有良好的应用，因其发达的孔隙结构使活性炭具备了高比面积和高孔体积，在经过特定的孔径调控后常被用作负载催化剂；且果壳基活性炭的比电容高、导电性能好，在电子储能方面具有良好的应用，如超级电容器电极等。

2.2.3 活性炭表面官能团

除了活性炭内部孔径大小及分布（物理结构），表面官能团（化学结构）也在一定程度上影响着活性炭的吸附能力。

由于表面官能团种类及数量的影响，活性炭作为催化剂载体使用时会对负载粒子产生不同程度的化学反应，而各类活性基团中，以含氧官能团为主，此类官能团在亲水性、催化性质、负载粒子等方面对活性炭吸附性能有着重要影响。

活性炭含氧官能团的产生一般有两种方式：原料碳化不完全于基体中形成缺陷，氧原子及氢原子趋向基体缺陷在高温下形成含氧官能团；活性炭与活化剂在活化过程中发生化学反应，形成的含氧官能团依附于活性炭表面。

此类含氧官能团以羧基、内酯基、芳醇基、羰基及醌基等形式大量存在于在活性炭的表面官能团中，各类含氧官能团化学结构如图 2-2 所示。

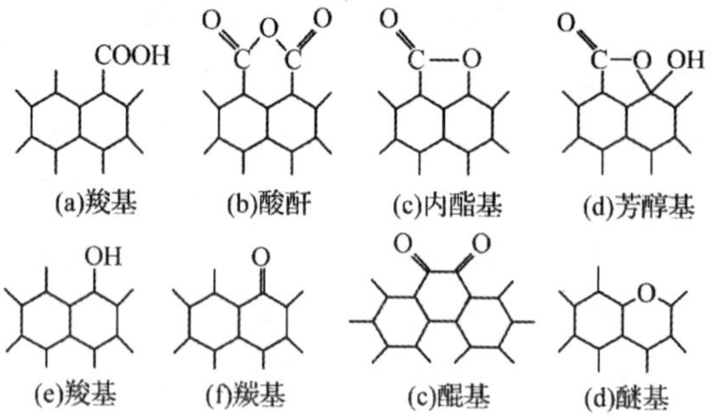

(a)羧基 (b)酸酐 (c)内酯基 (d)芳醇基

(e)羧基 (f)羰基 (c)醌基 (d)醚基

图 2-2 活性炭表面含氧官能团

2.3 活性炭制备技术

2.3.1 物理活化法

物理活化法主要用于果壳基微孔活性炭的制备，其活化介质主要有两种：一种是 CO_2 活化，另一种是水蒸气活化。CO_2 活化法需要对设备进行长时间的加热，在较高的活化温度下制备出以微孔为主的活性炭，此类活性炭具有较窄的孔径分布；以水蒸气作为活化剂活化时，反应速率相较于 CO_2 活化法更快，反应时间也相应更短，气体在孔道中具有较快的扩散速率，能够更容易地进入微孔，但水蒸气活化所制备的活性炭表面具有的丰富的含氧官能团会影响材料的导电性[9]。

随着活化时间的延长，活性炭的比表面积和总孔容都会有所升高，但仍处于较低的水平。

以物理活化法对果壳基活性炭的孔结构调控工艺如图 2-3 所示，该工艺下制备的活性炭微孔含量在总孔径分布中居多。而活性炭制备过程中碳化及活化时的温度、时间，气体活化剂的选择及通入时的流速等因素都会对制备的果壳基活性炭孔径分布有较大影响，因此，如何快速有效地获得比表面积最优的果壳基活性炭仍是以物理活化法调控果壳基活性炭孔结构的研究热点。

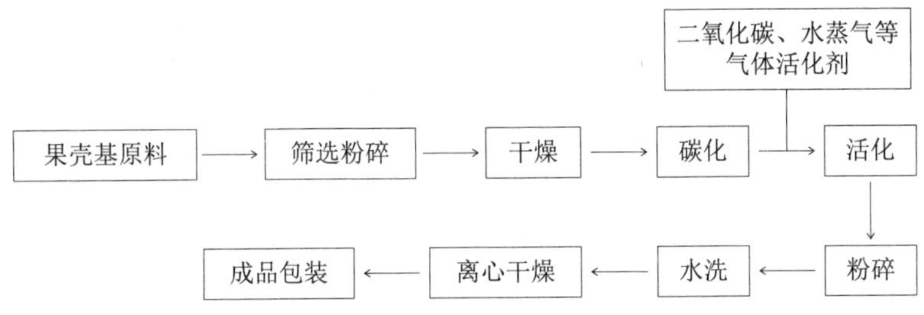

图 2–3　物理活化法调控果壳基活性炭制备工艺

物理活化法制备果壳基活性炭通常分为碳化及活化两个步骤，碳化是对原料进行高温热处理，去除原料中的可挥发成分以减少对活化的影响，经碳化后的原料将成为富含碳的固体热解物；活化过程是选用合适的活化气体（如水蒸气、CO_2、O_2 等）对碳化后的固体热解物进行活化处理，此类气体在高温的条件下与活性炭基体中的碳发生反应，对活性炭基体中原有的闭塞孔径进行开孔、扩孔，并在此基础上创造新孔，进而形成发达的孔隙结构。

在活性炭制备的活化过程中，一般伴随着如下两个反应：

$$C + H_2O = CO + H_2 \quad (\Delta H = +117\ kJ/mol)$$

$$C + CO_2 = 2CO \quad (\Delta H = +159\ kJ/mol)$$

通过上述两反应可知，活化过程中炭材料内部基体中的碳原子得到去除，从而产生新的孔径，得到丰富的微孔结构。由上述反应可知，在采用物理活化法制备果壳基活性炭时，碳化及活化时的条件（温度、时间、活化气体种类及流速等）、原材料类别及不同时期的物理化学性质都会对活性炭的孔隙率造成一定程度的影响。国内外诸多学者以物理活化法生产活性炭时，在制备过程中会添加合适的催化剂对碳化后的固体热解物进行催化活化，进而获得孔径分布更加良好、总孔容及比表面积相应提升的超级活性炭。

Zhao 等 [10] 以核桃壳为原料、采用 CO_2 物理活化法制备核桃壳活性炭，研究了在制备过程中各因素对核桃壳活性炭吸附太阳能干燥除湿再生系统中水蒸气的性能影响并选择其中最佳的制备工艺。而在最优的制备工艺下，该活性炭对水蒸气的吸附量为 0.382 4 mg/g，再生时间 30 min，BET 的最大比表面积为 1 228 m^2/g。

Pena 等 [11] 在水蒸气或二氧化碳下通过物理活化制备荞麦壳活性炭，研究原料对合成气中焦油的去除效果。而活化方法不同会导致活性炭的结构性质产生较大差异，氮气吸附等温线分析表明，蒸汽活化比二氧化碳活化所制得的荞麦壳活性炭能产生更高的孔隙率。BH–H_2O（水蒸气活化所制荞麦壳活性炭）

的比表面积和总孔体积分别达到 997 m²/g 和 0.681 cm³/g，显著高于 BH-CO_2（二氧化碳所制活性炭）的比表面积 578 m²/g 与总孔体积 0.291 cm³/g。另一个区别是毛孔的平衡，BH-CO_2 的孔隙率的 96% 为微孔（0.261 cm³/g），而在 BH-H_2O 中微孔仅占孔隙率的 71%（0.419 cm³/g）。

Rashidi 等[12] 在活化温度 850℃、活化时间 60 min、CO_2 流量 450 cm³/min 的条件下，得到了一步活化制备棕榈壳活性炭的最佳工艺条件，其中，碳含量为 67.36%、比表面积为 303.90 m²/g、总孔容为 0.216 4 cm³/g、微孔体积为 0.143 9 cm³/g、平均孔径为 2.87 nm，棕榈壳与合成活性炭的表面形貌如图 2-4 所示。

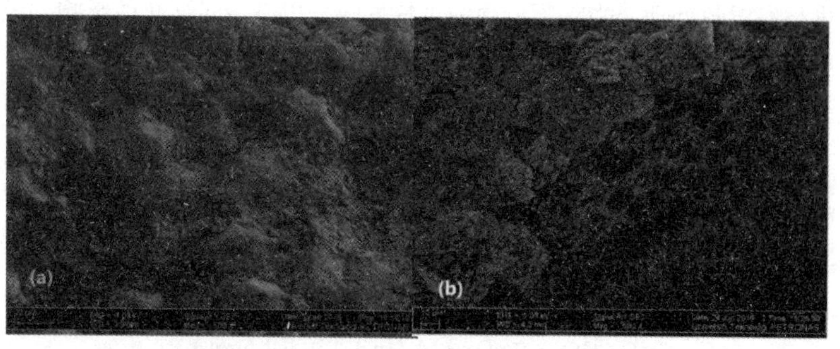

图 2-4　棕榈核壳（a）和合成活性炭（b）的表面形貌

以物理活化法对果壳基活性炭进行孔结构调控制备时，活化温度会对活性炭结构造成很大的影响。温度过低时，无法完全活化，碳基体中的孔径无法形成或打开；温度过高时，原有的孔径随碳基体结构烧损遭到破坏，或消失，或成为中孔及大孔，导致果壳基活性炭比表面积下降。

张静雪等[13] 以核桃壳为原料，在活化时间分别为 105 min、120 min 和 135 min 下，制得标记为 AC105、AC120、AC135 的活性炭。结果表明，在涉及的时间范围内（105 ～ 135 min），活性炭的比表面积及比容量和能量密度随活化时间的增长而增大，三种活性炭的孔容对比如表 2-2 所示。

表 2-2　活性炭样品孔道结构参数和收率

样品名称	AC105	AC120	AC135
比表面积 /（m²/g）	1 199	1 644	1 847
总孔容 /（cm³/g）	0.585	0.877	1.013
微孔孔容 /（cm³/g）	0.435	0.615	0.680

续　表

样品名称	AC105	AC120	AC135
中孔孔容 /（cm^3/g）	0.150	0.262	0.333
微孔率 /%	74.4	70.1	67.1

由表 2-2 可知，在一定的时间内，活化时间越长，微孔含量越高，其原因是随活化时间的进行，活化气体进入碳基体内部使原有孔径打开，并在基体内部进行点状侵蚀形成新的孔径。若是根据比表面积、微孔含量等因素作为评判标准，AC135 活性炭样品的制备工艺为最优工艺条件，而在后续实验中 AC120 活性炭样品循环性能最佳，并且具有合理的孔径分布和较高的比表面积，被定为该实验的最优活性炭样品。因此，对活性炭进行孔径调控时，不仅需要考虑高比表面积和微孔等孔隙分布情况，还需知晓该活性炭产品的用途及生产成本，将试验数据与现实情况相结合，选择适合的果壳基活性炭孔径调控工艺。

采用物理活化法调控果壳基活性炭对环境的污染程度较低，生产工艺已成熟，已被广泛应用于果壳基活性炭产品的生产中。但活化时间长、活性炭产率低、能源消耗大仍是物理活化法难以解决的缺点，因此，如何提高生产效率是采用物理活法制备果壳基活性炭需要攻克的难点。

2.3.2　化学活化法

将椰壳、花生壳、葵花籽壳等果壳基活性炭生产原料按照一定的比例与化学活化剂（KOH，$ZnCl_2$ 和 H_3PO_4 等）进行混合并浸渍一段时间，将浸渍后的活性炭原料置于特定设备内，在通入惰性气体的条件下将碳化、活化同步进行，从而获得良好孔隙结构的果壳基活性炭。化学试剂在活性炭颗粒内部结构中进行镶嵌，进而产生丰富的微孔[14]。

采用化学活化法对果壳基活性炭孔径调控的制备工艺如图 2-5 所示，由该工艺可知：在采用化学试剂对果壳基原料进行活化时会产生大量废气、废液，为防止对环境造成污染及材料的浪费需对其进行回收处理，且不同的活化试剂对制备的活性炭孔径调控具有较大影响，在进行废液回收时也有不同选择。当使用磷酸溶液为活化试剂时，经过活化、水洗产生的废液都可回收到较低浓度的磷酸溶液；若使用 $ZnCl_2$、KOH 等活化试剂时，对设备的耐腐蚀性能便会有较高的要求。

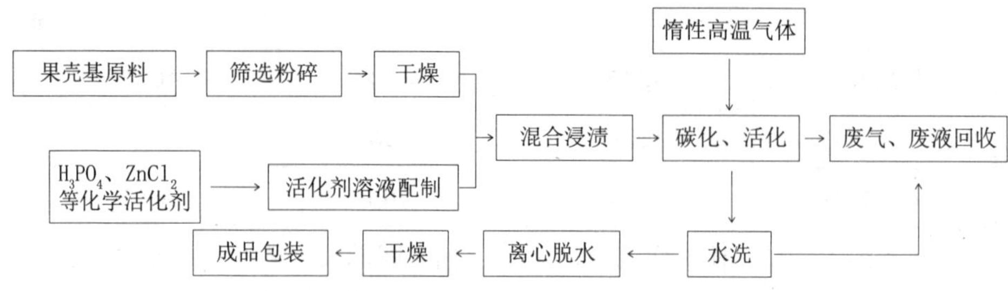

图 2-5 化学活化法调控果壳基活性炭制备工艺

化学活化法调控果壳基活性炭孔结构的影响因素与物理活化法大致相同，如碳化、活化温度及时间等，而活化剂种类、与原料的浸渍比等对不同炭料的影响效果也会有所不同。例如，以 KOH 为活化剂的活化过程中，主要发生以下反应：

$$4KOH + C = K_2CO_3 + K_2O + 3H_2$$

$$K_2O + C = 2K + CO$$

$$K_2CO_3 + 2C = 2K + 3CO$$

Tsai 等[15]以低污染的氢氧化钾（KOH）为活化剂，利用可可豆荚壳（CPH）制备高比表面积活性炭（AC）。实验证明了制备的活性炭孔隙发育主要由工艺温度决定，在生产过程中该活性炭的真密度及多孔性随活化温度的升高而呈现上升趋势，且 800°C 左右生产的最佳活性炭产品的比表面积超过 1 800 m^2/g，总孔隙体积约为 1.0 cm^3/g。

Liang 等[16]以污泥与椰壳为原料、KOH 溶液为活化剂进行活化，得到了具有良好孔结构的活性炭。实验表明，碳化温度、时间、浸渍比、活化温度等因素都会影响到活性炭的孔径分布，在碳化温度为 500°C、碳化时间 45 min 等工艺条件下，制备的椰壳活性炭总比表面积可达 680.34 m^2/g，孔容为 0.73 cm^3/g。

Das 等[17]以酸性柠檬壳为原料，磷酸溶液为活化剂制备的 AC-H_3PO_3，其比表面积 1 863.49 m^2/g，总孔隙体积 1.759 cm^3/g，微孔体积 1.279 cm^3/g，中孔体积 0.500 cm^3/g。在对溶液中的铁离子进行吸附实验时，酸性柠檬壳活性炭最大吸附量为 50.38 mg/g，以蒸馏水为洗脱剂对活性炭进行处理后，吸附剂可循环使用 4 次，吸附效率大于 96%。证明了果壳基活性炭作为吸附剂时具有较强的可再生能力及吸附性能。

Zhang 等[18]以玉米芯（CC）、麦麸（WB）、稻壳（RH）和大豆壳（SS）四种农业废弃物为原料，采用氢氧化钠一步活化法制备活性炭（ACs）。四种活性炭经表征后测得比表面积约为 2 500 m^2/g，具有较为发达的内部孔隙网络，在模拟废水中吸附铅离子时，RH 基 AC 具有较好的吸附性能。

邵将等[19]以 H_3PO_4 溶液为活化剂制备花生壳活性炭，活化时间较短时制备的活性炭内部孔隙结构较少，其主要原因是在短时间内活性炭无法完全活化，H_3PO_4 试剂难以进入碳基体中起到形成开孔、扩孔的作用；随着活化时间的增加，H_3PO_4 试剂逐渐进入碳基体，起到开孔、扩孔作用，活性炭的孔隙相应增加；当活化时间过长时，基本活化完全的炭体结构受到烧损，活性炭中原有的微孔、中孔向中孔及大孔方向转变，导致活性炭的比表面积减少，吸附能力降低。这表明了活化时间对化学活化法改性果壳基活性炭的影响，且利用在最优活化工艺下制备的花生壳活性炭对溶液中的亚甲蓝进行吸附试验，测得活性炭对亚甲蓝的去除率高达 99.45% 左右。

李兆兴等[20]以葵花籽壳为活性炭原料、磷酸溶液为活化剂，以热解法对葵花籽壳活性炭进行化学活化法制备，并对制备的葵花籽壳活性炭进行了表征和四环素吸附性能测定。实验数据表明，采用化学活化法制备的葵花籽壳活性炭具有良好的孔径结构和吸附能力，该活性炭比表面积和孔体积分别为 1 737.7 m^2/g 和 0.175 mL/g，其孔径大小为 3.418 nm；在 20°C 时对四环素的吸附平衡时间可达 30 min，最大的吸附量为 244.1 mg/g。

与上述介绍的物理活化法调控果壳基活性炭孔结构方法相比较，两种工艺的调控原理、实行方法及优缺点都各不相同。在化学活化法对果壳基活性炭进行调控时，使用不同的化学试剂对制备的活性炭有不同效果。常见的化学活化试剂的比较如表 2-3 所示。

表 2-3　化学活化法制备活性炭性能比较

活化剂	优点	缺点
$ZnCl_2$	活化温度低，易于调控孔径分布，制得的活性炭孔径分布均匀	活化剂易挥发，对活化装置的耐腐蚀性要求高，需对废水进行后续工艺处理，生产成本较高
KOH	可制备空隙分布均匀、比表面高的活性炭	碱性较强，对设备耐碱性能要求较高
H_3PO_4	活化温度及生产成本低，对环境的污染小，可对 H_3PO_3 及磷酸盐进行回收	H_3PO_3 活化剂的酸性较强，容易腐蚀设备
K_2CO_3	K_2CO_3 活化剂的碱性较弱，对设备腐蚀较小	较高的活化温度及长时间的活化对生产设备耐热性要求较高

相较于物理活化法对果壳基生物炭孔结构进行活化时，化学活化法所制备的活性炭孔隙分布更加均匀，比表面积也相应有所提高。由表 2-3 可知，当 KOH、$ZnCl_2$ 和 H_3PO_4 等化学活化剂的用量过大时，易对环境造成污染，且用于生产活性炭时的成本较高。根据生产要求选择合适的化学活化试剂，可获得具有良好微孔结构及中孔分布的果壳基活性炭。

2.3.3 物理－化学活化法

物理－化学活化法也是常用于果壳基活性炭孔径调控的方法，其实质是将果壳基原料（椰壳、花生壳等）按照一定的比例与 KOH、$ZnCl_2$ 和 H_3PO_4 等化学试剂浸渍一段时间后，再对浸渍后的果壳基原料进行真空干燥，然后与活化装置中同时通入的活化气体在高温下反应，制备出具有良好孔径结构的果壳基活性炭。

代晓东等[21]针对物理活化法和化学活化法制备活性炭时存在的性能缺陷及工艺缺点，提出了将物理活化法与化学活化法相结合的新型制备工艺（物理－化学耦合活化法）。该技术能在相对温和的合成条件下制得具有高比表面积、发达孔隙结构和良好吸附性能的果壳基活性炭，而且在生产过程中的操作弹性较大，能有效降低纯化学活化法合成过程中活化剂的使用量。

陈盛余等[22]对采用物理化学活化法制备的桂圆壳活性炭进行了铜离子吸附实验，发现当磷酸浓度为 65%、浸渍比为 2.5 ∶ 1、活化温度与活化时间分别为 500 ℃和 90 min 的工艺条件下时，制备的桂圆壳活性炭对铜离子的吸附率可以达到 90.7%，并且具有丰富的孔隙结构。

Boujibar 等[23]为获得用作高性能超级电容器电极材料的 Argan 壳活性炭，以废弃生物质 Argan 壳为原料，采用物理－化学相结合的方法对 Argan 壳活性炭进行了制备，并对所制活性炭进行表征。数据表明，由于大量的微孔和足够数量的中孔的组合，使 Argan 壳活性炭具有 2 251 m^2/g 的高比表面积和 1.04 cm^3/g 的总孔隙体积。

物理－化学活化调控法是将物理活化调控与化学活化调控的优点相结合的果壳基活性炭生产技术，该工艺制备的活性炭具有丰富的微孔结构及良好的中孔结构。在生产过程中减少了能源消耗及废气、废液的排放，能够有效地调控活性炭孔结构，获得特定结构的活性炭。

2.3.4 微波调控法

传统活性炭生产工艺对能源的消耗严重，会产生大量废液、废气等有害物质，而微波辅助调控法在生产果壳基活性炭时，可使果壳基原料均匀受热，且加热速率快、生产效率高、对环境的污染程度小，同时为活性炭的生产提供了新途径。

张铁军等[24]采用微波辐照对经 $ZnCl_2$ 和 KCl 混合浸渍处理后的葵花籽壳、花生壳进行碳化，进而制备出葵花籽壳活性炭及花生壳活性炭，以对亚甲蓝的吸附能力作为两种活性炭吸附性能的评判标准。实验测得葵花籽壳活性炭与花生壳活性炭对亚甲蓝的吸附值分别为 311.56 mg/g、407.51 mg/g，证实了两种活性炭皆具有良好的吸附性能。

吴明铂等[25]采用微波加热法制备花生壳活性炭，并将制备的活性炭作为电化学电容器（ECs）的电极材料，对活性炭进行表征。结果表明，在相同的条件下，当微波功率为 600 W、活化时间为 8 min、花生壳与 KOH 的质量比为 1 时，制备的花生壳活性炭比表面积、总孔体积、比电容和能量密度均达到最大值，其比表面积为 1 277 m^2/g，能量密度为 8.38 WH/kg。

吴文炳[26]采用微波辐射法制备了以龙眼壳为碳源、氢氧化钾为活化剂的龙眼壳活性炭，并对该活性炭进行了 Pb^{2+} 的吸附性能及再生性能研究。研究结果表明，在最优工艺制备条件下制备出的龙眼壳活性炭平均孔径可达到 2.146 nm，其比表面积与总孔容分别为 1 011.7 m^2/g 和 0.543 cm^3/g，碘吸附值及亚甲蓝吸附值分别为 1 247.4 mg/g 和 98.1 mL/g，表明该活性炭具有发达的孔径结构及良好的吸附性能。

王程等[27]以杏壳为原料、KOH 为活化剂，采用微波热裂解–KOH 活化联合法制备了杏壳基活性炭，并对制备的活性炭进行了表征和吸附性能测试。其中，在微波功率 800 W，热裂解 30 min 时，杏壳生物炭的收率为 56%；当 KOH 浓度为 25%、KOH 与生物炭的比例为 2.5 ∶ 1、在 800℃加热活化为 1.5 h 的工艺条件下，所制备杏壳基活性炭的比表面积与总孔体积分别为 1 223 m^2/g 和 0.63 cm^3/g，碘吸附值为 1 332 mg/g，活性炭的得率为 32.7%。

李勇等[28]采用微波辐照法制备了以巴旦杏核壳为原料、磷酸溶液为活化剂的果壳基活性炭，并对该活性炭质量指标影响因素进行了研究，对最优工艺条件下的活性炭进行了吸附性能测试。研究结果表明，当延长微波辐照时间时，巴旦杏核壳活性炭的收率和吸附性能都有明显的提升。最优工艺条件下制得的果壳基活性炭收率为 56.8%，亚甲蓝吸附值为 231.5 mg/g。

传统的加热工艺由于所需时间长，在碳化及活化过程中果壳基原料中的部分碳元素在高温作用下与气体反应生成 CO、CO_2，致使活性炭的产率降低。而微波调控法摒弃了对活性炭碳化及活化时的传统加热工艺，采用微波辅助加热使活性炭制备过程变得高效可控，减少了对环境的污染及能源的消耗，采用该方法制备的活性炭因其良好的孔径结构常用于工业废水的吸附处理。

2.3.5 高温重整孔径调控法

在采用活化法制备果壳基活性炭时，化学试剂、活化气体等会对原料进行侵蚀进而产生孔结构，部分中孔及大孔的生成则是建立在微孔扩大的基础上。虽增加了活性炭的总孔容，却牺牲了微孔的含量。而高温重整孔径调控法采用高温热处理活性炭，使果壳基活性炭在高温条件下内部的碳骨架结构产生收缩，进而使原有的大孔及中孔结构朝微孔方向发展。徐江海等[29]在氮气气氛下，对活性炭在 1 000 ℃的条件下进行高温处理，并对处理后的活性炭进行了表征，处理后的活性炭比表面积和孔径结构较高温处理之前分别增加了 59.2% 和 83.3%。

2.3.6 模板孔径调控法

模板孔径调控法又称铸型碳化法，是将有机聚合物引入无机物模板内很小空间（纳米级）中使其碳化，然后用强酸将模板溶掉后即可制得与无机物模板的空间结构相似的多孔炭材料[30]。国际上常采用模板孔径调控法制备孔隙分布较窄、吸附能力较强的中孔活性炭材料，而且模板法能够在纳米空间的水平上调控活性炭孔隙结构，是目前制备中孔级活性炭最有效的孔隙调控方法。

2.3.7 催化孔径调控法

催化孔径调控法是利用催化活化反应在金属微粒周围进行，进而为金属微粒向周围碳基体内部前行时提供能量，然后在碳基体内产生中孔。该方法可有效增加果壳基活性炭中中孔的含量；同时附带的非催化活化反应也会在果壳基活性炭中产生部分微孔。可有效提高果壳基活性炭的孔隙总体积。采用该方法对活性炭进行孔径调控时，在 1.8 nm 以下的微孔及 3.4 ～ 4.2 nm 的中孔增加得最为明显，但是对孔径范围的影响不大。然而，用此种方法制备的活性炭在用于液相吸附时，未被完全清除的金属元素可能会从活性炭孔隙中以离子形式进入溶液，对原溶液造成一定程度上的污染，因此，该方法制备的活性炭在应用的时候会存在一些限制。乔文明等[31]对椰壳活性炭分别浸渍 Fe_2SO_3 和 $Fe(NO_3)_3$ 溶液，并通过 CO_2 催化活化反应为铁离子进入椰壳活性炭提供能量，证实了以金属离子催化活性炭进而获得特定孔径的可行性。实验数据表明，以 Fe_2SO_3、$Fe(NO_3)_3$ 金属盐作为金属粒子提供开孔、扩孔作用时，制备的椰壳活性炭中孔含量及比表面积都得到大幅度提升，平均孔径为 9.95 nm 且以中孔含量居多，可达 89% 的孔径占比。在对椰壳活性炭浸渍 $Fe(NO_3)_3$ 时，可以使其孔径达到 10 nm、比表面积达到 1 930 m^2/g。

2.3.8　活性炭改性调控法

活性炭改性调控法，是对已制备的活性炭进行负载改性物质等技术，从而获得具有高比面积、良好空隙结构活性炭的方法。采用该方法对果壳基活性炭孔结构进行调控时，可根据使用要求进行定向调控，也可选用不同的改性剂在改变孔径分布的同时改变活性炭的表面化学结构，使其在所需领域得到更好的应用。

刘雨璇等 [32] 采用水蒸气活化法制备椰壳活性炭，并以水热法将活性炭与石墨烯按不同比例复合后，制备了石墨烯 / 椰壳活性炭复合材料，并将该材料用作超级电容器的电极。实验数据表明，当碳化温度为 800℃，在 900℃加热活化 1.5 h 的工艺条件下，制备的椰壳活性炭比表面积为 2 482 m^2/g，孔容可达 1.33 cm^3/g，平均孔径达到 2.66 nm，孔径主要分布在 2 ～ 4 nm，说明制得的活性炭的孔径分布较窄，主要集中在中孔区。

何荔枝等 [33] 采用核桃壳作为原料、质量分数 40% 的 H_3PO_4 作为活化剂，制备了生物质炭基吸附材料，并添加软锰矿对制备的活性炭进行了改性。实验数据测得，WS（核桃壳活性炭）和 WSMn（软锰矿改性后核桃壳活性炭）的孔隙都以微孔和中孔为主，添加了软锰矿的 WSMn 的孔隙结构更加发达。WSMn 的比表面积为 1 433.130 m^2/g，比 WS 比表面积增加了 27.16%，表明软锰矿在活性炭改性过程中具有增孔和扩孔的作用。

黄慧珍 [34] 以微波辅助法制取了龙眼壳活性炭，然后以甲醛 / 硫酸为改性剂，制备龙眼壳活性炭的高效吸附剂（LCSF），并以模拟废水中的 Pb（Ⅱ）对改性后的 LCSF 进行吸附实验，研究铅初始浓度、溶液的 pH 大小和吸附温度对改性后活性炭吸附 Pb（Ⅱ）性能的影响。结果表明，改性后的 LCSF 较未改性前的龙眼壳活性炭，提高了对 Pb（Ⅱ）的吸附性能，LCSF 对 Pb（Ⅱ）的吸附量可达 229.72 mg/g。

李晓梅等 [35] 以 HCl 溶液为改性剂对椰壳活性炭进行改性，对改性后的椰壳活性炭表面形貌及孔隙结构进行表征，研究盐酸浓度对改性后椰壳活性炭吸附苯酚的影响。结果表明，在改性剂盐酸浓度为 4 mol/L 时，改性椰壳活性炭比表面积可达 1 117.03 m^2/g，其比表面积、微孔所占比例及表面官能团数量较盐酸改性前都有显著增加，而且 4 mol/L 盐酸改性后的椰壳活性炭对苯酚的吸附率可达93.82%，证明该活性炭对苯酚的吸附能力也得到了很大程度的提高。

侯剑锋等[36]以椰壳活性炭为原料对其进行了高温改性，并对改性前后的椰壳活性炭形貌进行表征，研究改性前后的椰壳活性炭对熔盐中K^+的吸附性能。950℃改性后的活性炭孔含量得到大幅度增加，表面孔径分布得到优化，并具有去除活性炭表面杂质的作用，可以防止在吸附过程中对电解质熔盐造成污染，其比表面积由918 m^2/g提升至2 544 m^2/g。且高温改性后的椰壳活性炭仍能在铝电解质熔盐中维持稳定的内部结构，在铝电解质熔盐中对K^+的最大吸附量达20.8 mg/g，且高温改性后的椰壳活性炭表面官能团种类没有发生变化。

Choong等[37]研究了棕榈壳活性炭粉（PSAC）和硅酸镁（$MgSiO_3$）改性PSAC（MPSAC）对氟化物（F）的吸附性能。研究表明，$MgSiO_3$的浸渍增加了中孔和大孔的形成，促进了PSAC表面空隙的形成，其中PSAC和MPSAC对F的最大吸附量分别为116 mg/g和150 mg/g。

Ipeaiyeda等[38]以氨和醋酸铵对椰子壳和棕榈壳活性炭进行改性，椰壳活性炭总孔隙体积为1.71 cm^3/g，氨改性后椰壳活性炭总孔隙体积为1.87 cm^3/g，醋酸铵改性后椰壳活性炭总孔隙体积为1.81 cm^3/g；棕榈壳活性炭总孔隙体积为1.10 cm^3/g，氨改性后棕榈壳活性炭总孔隙体积为1.31 cm^3/g，醋酸铵改性后棕榈壳活性炭总孔隙体积为1.29 cm^3/g。由此可知，改性后的活性炭总孔隙体积都明显增加，其吸附能力也随之提高。

Prajapati等[39]以椰子壳为原料，采用化学和物理活化法制备了纳米多孔活性炭。

用物理吸附法成功地将合成的CuO纳米粒子负载到NPAC（纳米多孔活性炭）上，成功制备了CuO-NPAC纳米复合材料。XRD分析证实，由于CuO纳米粒子和石墨的存在，纳米复合材料的结构是晶态和非晶态的。FT-IR和BET比表面积分析证实，纳米复合材料表面分别富含官能团和多孔性，适合于吸附过程。

2.4 结论

由于果壳基活性炭的生产原料来源广泛、价格低廉，可有效缓解果壳废物对环境的污染，且果壳基活性炭作为生物质材料拥有可再生的特点，在工业废水处理、电容器电极、医药吸附等产业都有着广泛应用。

如何根据产品性能需求、生产成本、后续工艺处理等要求对果壳基活性炭进行高效的孔结构调控，使果壳基活性炭得到更广泛的应用，依旧是活性炭材料研究中的热点。

本节对现阶段果壳基活性炭孔结构的几种调控技术进行了分析，针对各方法间的优缺点比较如表 2-4 所示。

表 2-4　果壳基活性炭孔结构调控方法优缺点比较

果壳基活性炭孔结构调控方法	优点	缺点
物理活化调控法	设备腐蚀程度低，无二次环境污染，活化设备使用效率高	活化时间长，活化温度高，影响因素多（温度、时间、通气流速等），活性炭性能较差
化学活化调控法	原料利用率及活化率高，孔隙结构调节方式有效，活性炭比表面积大	化学试剂用量大，易腐蚀生产设备，易造成二次环境污染
物理－化学活化调控法	结合了物理活化及化学活化调控法的优点，可根据需求生产微孔或中孔发达的活性炭	生产工艺较复杂，生产所需时间长
微波调控法	生产时间短，生产效率高，环境污染低	设备投资大，生产成本高，能耗高
模板孔径调控法	能够在纳米空间的水平上对活性炭孔隙结构进行调控，是目前制备中孔级活性炭最有效的孔隙调控方法	工艺中影响活性炭孔径调控的因素多，模板的制备过程复杂，活性炭制备完成后难以去除模板
催化孔径调控法	操作简便，有利于中孔活性炭的生成	金属粒子在活性炭内部滞留，难以完全清除，影响活性炭的后续使用
活性炭改性调控法	可根据需求对已制备的活性炭进行特定的孔径调控	生产成本高，需对活性炭进行二次处理

由表 2-4 可知，现阶段对果壳基活性炭孔结构调控的方法仍有许多不足。开发新型活化试剂以缩短生产时间、降低生产成本、减少环境污染；采用催化孔径调控法时选取合适的添加剂去除活性炭内部的金属粒子等方法仍可以作为果壳基活性炭孔结构调控技术的研究方向。

参考文献

[1] 张跃东 . 活性炭吸附法在工业废水处理中的应用 [J]. 河北化工 , 2011, 34(6):74–76.

[2] 蒋剑春 , 孙康 . 活性炭制备技术及应用研究综述 [J]. 林产化学与工业 , 2017, 37(1):1–13.

[3] 刘雪梅 , 檀俊利 , 林明涛 , 等 . 椰壳热解活化制备活性炭及其机理研究 [J]. 安徽农业科学 , 2017, 45(26):140–143.

[4] 孙康 , 冷昌宇 , 蒋剑春 , 等 . 热解自活化法制备生物质基微孔型活性炭 [J]. 新型炭材料 , 2017, 32(5):451–459.

[5] 孙康 . 果壳活性炭孔结构定向调控及应用研究 [D]. 北京 : 中国林业科学研究院 , 2012.

[6] 蒋剑春 , 孙康 . 活性炭制备技术及应用研究综述 [J]. 林产化学与工业 , 2017, 37(1):1–13.

[7] 牟冠文 , 李光浩 . 污水深度处理方法及其应用 [J]. 中国环保产业 , 2006(3):40–43.

[8] 林金海 , 陈晓佳 , 丁友玲 . 对活性炭 (供注射用) 吸附液体中细菌内毒素能力的研究 [J]. 上海医药 , 2018, 39(21):12–15.

[9] 徐园园 . 煤基多孔炭的温和制备及其在超级电容器中的应用 [D]. 大连 : 大连理工大学 , 2014.

[10] Zhao H, Yu Q F, Li M, et al. Preparation and water vapor adsorption of "green" walnut–shell activated carbon by CO_2 physical activation[J].Adsorption Science & Technology, 2020, 38(1–2): 60–76.

[11] Pena J, Villot A, Gérente C. Pyrolysis chars and physically activated carbons prepared from buckwheat husks for catalytic purification of syngas[J]. Biomass and Bioenergy, 2020(132): 105435.

[12] Rashidi N A, Yusup S. Production of palm kernel shell–based activated carbon by direct physical activation for carbon dioxide adsorption[J]. Environmental Science And Pollution Research International, 2019, 26(33): 33732–33746.

[13] 张静雪 , 梁晓怿 , 贾倩 . 核桃壳基活性炭的制备及其在超级电容器中的应用 [J]. 现代化工 , 2020, 40(1):180–184.

[14] 吴雅俊 . 物理化学活化法制备煤基活性炭及其电化学性能研究 [D]. 北京 : 中国矿业大学 , 2018.

[15] Tsai W T , Bai Y C , Lin Y Q , et al. Porous and adsorption properties of activated carbon prepared from cocoa pod husk by chemical activation[J]. Biomass Conversion & Biorefinery, 2019,10(1); 35–43.

[16] Liang Q L, Liu Y C, Chen M Y, et al. Optimized preparation of activated carbon from coconut shell and municipal sludge[J]. Materials Chemistry and Physics, 2020(241): 122327.

[17] Das S, Mishra S. Insight into the isotherm modelling, kinetic and thermodynamic exploration of iron adsorption from aqueous media by activated carbon developed from Limonia acidissima shell[J]. Materials Chemistry and Physics, 2020(245): 122751.

[18] Zhang Y, Song X L, Zhang P, et al. Production of activated carbons from four wastes via one–step activation and their applications in Pb^{2+} adsorption: Insight of ash content.[J]. Chemosphere, 2020(245): 125587.

[19] 邵将，刘铭瑄，孙宇杭，等．利用花生壳化学活化法制备活性炭的研究 [J]. 辽宁化工，2018, 47(8):736–738.

[20] 李兆兴，祝新宇，申华．共热解法制备葵花籽壳活性炭及对四环素的吸附性能 [J]. 化学研究与应用，2020, 32(3):452–457.

[21] 代晓东，刘欣梅，钱岭，等．物理化学耦合活化法制备活性炭 [J]. 炭素技术，2008(4):30–34.

[22] 陈盛余，赵丹丹，左卫元，等．桂圆壳活性炭的制备与吸附性能研究 [J]. 广东化工，2017, 44(14):29–31.

[23] Boujibar O, Ghosh A, Achak O, et al. A high energy storage supercapacitor based on nanoporous activated carbon electrode made from Argan shells with excellent ion transport in aqueous and non–aqueous electrolytes[J]. Journal of Energy Storage, 2019(26): 100958.

[24] 张铁军，欧晓婷，孔令漪，等．葵瓜子壳和花生壳微波法制备活性炭及其吸附性能的比较 [J]. 生物化工，2017, 3(3):9–12.

[25] 吴明铂，李如春，何孝军，等．微波法制备电化学电容器用花生壳基活性炭 [J]. 新型炭材料，2015, 30(1):86–91.

[26] 吴文炳．微波制备龙眼壳活性炭及其对 Pb^{2+} 的吸附与再生 [J]. 闽南师范大学学报（自然科学版），2016, 29(2):58–64.

[27] 王程，张玉全，李治军，等．微波热裂解–KOH 活化制备杏壳活性炭及其对甲基橙的吸附性能 [J]. 化工新型材料，2020, 48(3):207–212.

[28] 李勇，李庆，刘娴．微波辐照巴旦杏核壳制备活性炭及其吸附性能研究 [J]. 生物质化学工程，2014, 48(1):9–12.

[29] 徐江海，潘红艳，王宁，等．N_2 高温热处理对活性炭孔道结构及表面化学性质的影响 [J]. 炭素技术，2014, 33(2):21–24.

[30] Adinata D, Daud W M A W, Aroua M K. Production of carbon molecular sieves from palm shell based activated carbon by pore sizes modification with benzene for methane selective separation[J]. Fuel Processing Technology, 2007, 88(6): 599–605.

[31] 乔文明，宋燕，尹圣昊，等．通过再活化浸渍金属盐的活性炭来发展中孔结构 [J]. 新型炭材料，2005(3):198–204.

[32] 刘雨璇，轩迪攀，李佳佳，等．石墨烯改性椰壳活性炭复合材料的制备及其电化学性能研究 [J]. 林产化学与工业，2020, 40(1):61–67.

[33] 何荔枝，王美城，姚思聪，等．改性核桃壳炭基吸附材料对 Cu^{2+} 的吸附性能研究 [J]. 化工新型材料，2020, 48(2):173–178.

[34] 黄慧珍．Pb(Ⅱ) 在改性龙眼壳活性炭上的吸附行为及机理研究 [J]. 绵阳师范学院学报，2018, 37(11):64–68.

[35] 李晓梅，金燚翥，张雅情．盐酸改性椰壳活性炭的制备及表征 [J]. 炭素，2017(3):39–42.

[36] 侯剑峰，王兆文，李拓夫，等．椰壳类活性炭高温改性及吸附铝电解质熔盐中 K^+ 的性能 [J]. 东北大学学报(自然科学版), 2016, 37(12):1740–1743, 1749.

[37] Choong C E, Wong K T, Jang S B, et al. Fluoride removal by palm shell waste based powdered activated carbon vs. functionalized carbon with magnesium silicate: Implications for their application in water treatment[J]. Chemosphere, 2020(239): 124765.

[38] Rotimi I A, Iqbal C M, Shakil A. Ammonia and ammonium acetate modifications and characterisation of activated carbons from palm kernel shell and coconut shell[J]. Waste and Biomass Valorization, 2020.11(5):983–993.

[39] Prajapati A K, Mondal M K. Comprehensive kinetic and mass transfer modeling for methylene blue dye adsorption onto CuO nanoparticles loaded on nanoporous activated carbon prepared from waste coconut shell[J]. Journal of Molecular Liquids, 2020(prepublish):112949.

第 3 章　文冠果壳活性炭吸附 Cu^{2+} 的研究

铜（Cu）是人体所必需的微量元素，工业产生的含铜废液如果不经过处理便排入环境中，通过水体迁移、土壤和食物链的积累和放大效应，将会对人体产生极大的伤害，因此，降低或去除水中铜离子是目前亟待解决的问题[1]。采用廉价高效的吸附剂去除废液中的铜已成为国内外专家学者研究的热点问题，应用最普遍的就是利用农林废弃的生物质资源制备活性炭。柚皮[2]、甘蔗叶[3]、向日葵籽饼[4]和谷壳[5]等废弃的生物质都能采用化学试剂活化的方法来制备活性炭吸附重金属离子。

活性炭具有可降解回收、制备工艺简单、比表面积大等优点，被广泛应用于吸附废液中的重金属离子和有机染料。文冠果广泛分布于内蒙古呼和浩特、鄂尔多斯、赤峰和通辽等地，通常主要利用文冠果种仁油制备生物柴油。经课题组前期研究发现[6]，文冠果壳活性炭（XSBSAC）（见图 3-1）对亚甲蓝、刚果红、碱性品红和碘都具有良好的吸附效果，远高于大麻杆[7]、废弃木材[8]等生物质所得活性炭。因此，本实验选用废弃的文冠果壳（XSBS）为原材料，采用 85% 磷酸活化制备活性炭，首次研究了 XSBSAC 微观结构，并对吸附等温曲线、动力学方程进行拟合，研究吸附热力学，为处理废水中 Cu^{2+} 提供一种高效实际的理论依据。

图 3-1　文冠果壳活性炭

3.1 实验部分

3.1.1 材料与仪器

本实验使用的试剂为文冠果壳活性炭（自制），采用85%磷酸活化制备所得。

双环己酮草酰二腙（BOC）、氨水、柠檬酸、无水乙醇、硝酸、五水硫酸铜、氯化铵等化学试剂购自国药集团化学试剂有限公司，均为分析纯，实验所用水为去离子水。

双光束紫外分光光度计（TU-1901，北京普析仪器有限公司）；恒温振荡器（SHA-C，金坛市荣华仪器制造有限公司）；pH值测定仪（6309POT，深圳市长利来科技有限公司）；低速离心机（L5042V，上海知信实验仪器技术有限公司）；扫描电子显微镜（S-4800，日本日立）；比表面积测量仪（SSA-3600，北京彼奥德电子技术有限公司）；X射线衍射仪（XRD6000，德国Bruker）；红外光谱仪（Tensor27，德国Bruker）。

3.1.2 实验方法

准确称取0.05 g XSBSAC，加入50 mL的已知浓度的Cu^{2+}溶液中，置于水浴恒温震荡器中，在振速为110 r/min振荡一段时间后，于2 000 ～ 3 000r/min离心5 min。

取上清液2 mL置于50 mL容量瓶中，依次加入2 mL柠檬酸、4 mL氨水、10 mL双环己酮草酰二腙（BOC）进行显色。用去离子水准确定容，用紫外分光光度计（吸收波长为610 nm）测定Cu^{2+}吸光度，根据Cu^{2+}标准曲线计算Cu^{2+}浓度，根据公式（3-1）计算活性炭平衡吸附量Q。

$$Q=\frac{(C_o-C_e)\times V}{m} \tag{3-1}$$

式中，Q为平衡吸附量，mg/g；

C_0为吸附前溶液浓度，mg/L；

C_e为平衡后的溶液浓度，mg/L；

V为所取溶液体积，L；

m为所取活性炭的质量，g。

3.2　结果与讨论

3.2.1　文冠果壳及其活性炭表征

磷酸活化制备 XSBSAC 的氮吸附脱附等温线如图 3–2 所示，根据 IUPAC 的分类，其吸附等温线是典型的 I 型吸附等温线[9]。N_2 吸附量随着相对压力的升高而急剧升高，这是由于 XSBSAC 孔隙丰富，比表面积大，主要为微孔吸附和快速填充。当相对压力高于 0.2 时，N_2 吸附量随相对压力的增大而上升趋势变缓，这是由于 XSBSAC 中含有比较丰富的中孔结构，中孔内发生毛细凝聚使吸附量增加；当相对压力高于 0.9 时，吸附量随相对压力的增大而急剧上升，这是因为 XSBSAC 中的大孔毛细凝聚而发生大孔填充，导致吸附量迅速上升[10]。

根据 BET 比表面积计算可得，XSBSAC 总比表面积为 1 364.596 m^2/g，平均孔径为 1.62 nm，分析可知，XSBSAC 的孔结构主要分布在 0 ～ 2 nm、2 ～ 10 nm。活性炭孔径在 0 ～ 2 nm 具有一定比例的孔体积，说明 XSBSAC 具有较丰富的微孔结构；活性炭孔径在 2 ～ 10 nm 的孔体积所占的比例比较大，说明 XSBSAC 具有相当比例的中孔结构[11]。按照 BJH 吸附和 BJH 脱附理论计算比表面积和孔半径结果如表 3–1 所示，从表 3–1 可见，按照最佳制备条件得到的 XSBSAC 的孔隙主要为微孔和中孔（介孔），而且比表面积非常大，较大的比表面可以进一步证明制备得到的 XSBSAC 具有很强的吸附能力。

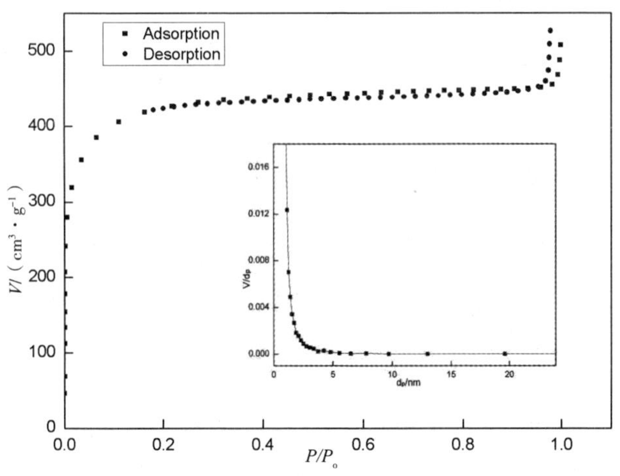

图 3–2　文冠果壳活性炭的 N_2 吸附 – 脱附等温线及孔径分布

表 3-1　文冠果壳活性炭的孔结构参数

孔结构参数	BJH 吸附	BJH 脱附	平均孔径
比表面积 /（m^2/g）	105.731	70.317	
孔半径 /nm	9.13	12.56	1.62

图 3-3（a）和（b）分别为文冠果壳及其活性炭 XRD 谱图。由图 3-3 可见，XSBSAC 样品较 XSBS 在 2θ 为 16.12° 处及 43.96° 处晶面衍射峰消失，而在 2θ 为 25.74° 处晶面的衍射峰是石墨片状晶体结构的特征衍射峰，衍射峰变宽，峰强度变弱，微晶结构混乱程度加剧，这说明磷酸活化 XSBSAC 具有乱层类石墨结构，层间距较大，也表明活化的样品层间距较大，构成 XSBSAC 的微晶层数较少，相对晶态更小，因此更易于形成发达的孔隙结构[12]，这也是磷酸活化 XSBSAC 具有很高比表面积的根源所在，这与氮吸附表征的孔结构中的结论是一致的。

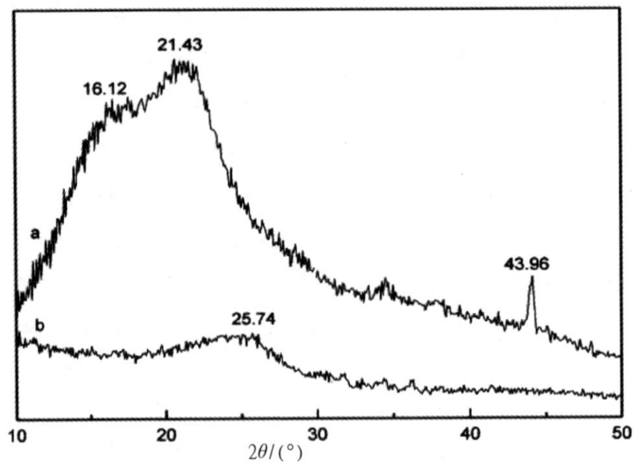

图 3-3　文冠果壳（a）及其活性炭（b）的 XRD 图谱

文冠果壳及其活性炭的扫描电镜如图 3-4 和图 3-5 所示，由图 3-4 可见，XSBS 中存在一定的大孔结构，且表面较为平滑疏松，从而有利于活化剂快速进入疏松孔内，活化造孔。

由图 3-5 可见，经高温磷酸溶液活化后，XSBSAC 表面被侵蚀，原先的大孔向内部延伸，形成丰富的无规则孔隙结构，孔隙内壁光滑，无沉积，并且连通性较好，具有较大的孔隙率，同时有大量的微小孔存在，构成了空间网状结构[13]。

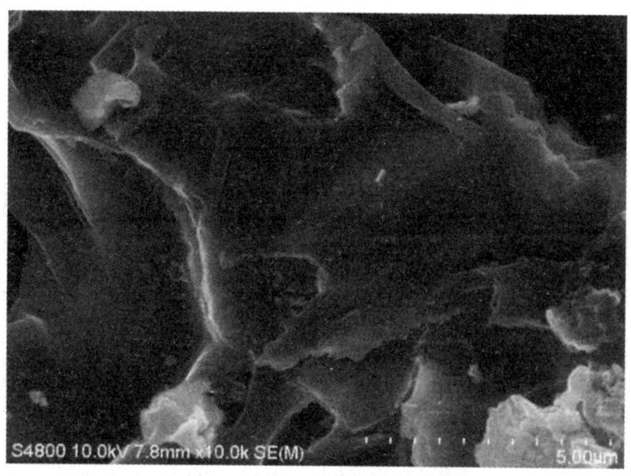

图 3-4　XSBS 扫描电镜图

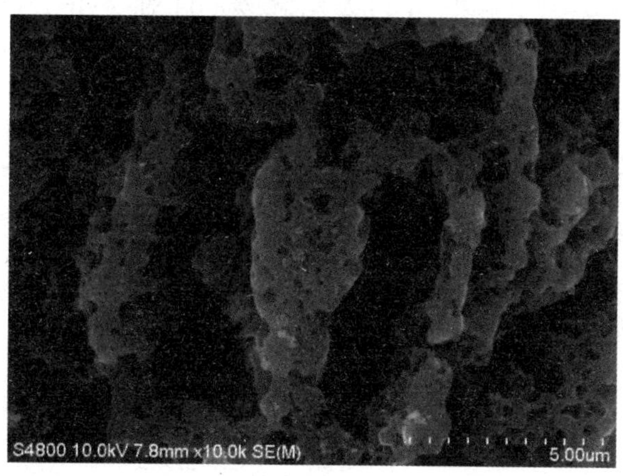

图 3-5　XSBSAC 扫描电镜图

将文冠果壳及其活性炭研磨成粉末，以 KBr 作载体压片，在红外光谱仪扫描 128 次下测得的结果如图 3-6 所示，其中（a）和（b）分别为文冠果壳及其活性炭 FT-IR 谱图。在 3 452 cm^{-1} 左右有强而宽的吸收峰，为 O—H 伸缩振动，可能是羧基、酚、醇中的羟基；XSBSAC 没有出现 2 925 cm^{-1} 处—CH_3 或—CH_2—的吸收峰和 553 cm^{-1} 处的芳香环，表明烷基和芳香环已经活化分解；在 XSBS 图谱中，1 100 ～ 1 750 cm^{-1} 处有一系列吸收峰，1 710 cm^{-1} 处的吸收峰属于羧基官能团中 C=O 的伸缩振动，1 598 cm^{-1} 处的吸收峰对应于烯烃 C=C 的伸缩振动，而 1 450 cm^{-1} 处的吸收峰是由于苯环骨架 C=C 的伸缩振动引起的 [14]；在 XSBSAC 谱图中，此系列峰强度很弱，几乎消失，这说明化学活化使 XSBS 的有机结构被破坏。

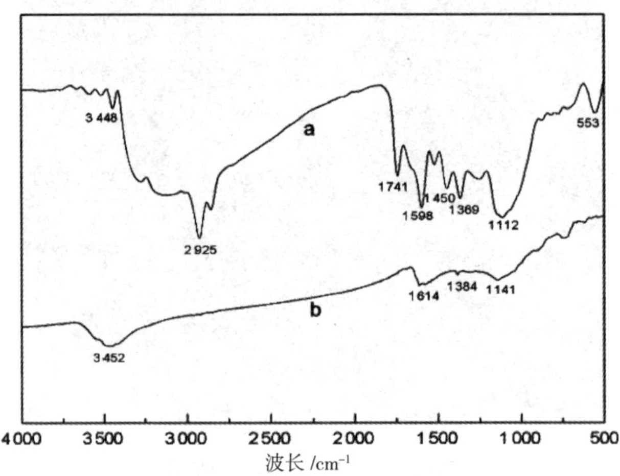

图 3-6　文冠果壳（a）及其活性炭（b）的 FT-IR 图谱

3.2.2　吸附动力学

分别运用准一级动力学方程（3-2）、准二级动力学方程（3-3）描述 XSBSAC 吸附 Cu^{2+} 的速率快慢[15]，通过动力学模型对动力学数据进行拟合，研究吸附机理。其对应准一级以及准二级动力学方程如图 3-7 ～图 3-8 所示；相应动力学参数对比如表 3-2 所示。

准一级动力学方程：

$$\log(Q_e - Q_t) = \log Q_e - (\frac{K_1}{2.303})t \tag{3-2}$$

准二级动力学方程：

$$\frac{t}{Q_t} = \frac{1}{K_2 Q_e^2} + (\frac{1}{Q_e})t \tag{3-3}$$

式中，Q_e 和 Q_t 分别为吸附平衡和时间 t 时的吸附量，mg/g；

K_1 为一级吸附速率常数，min^{-1}；

K_2 为二级吸附速率常数，g/（mg · min）。

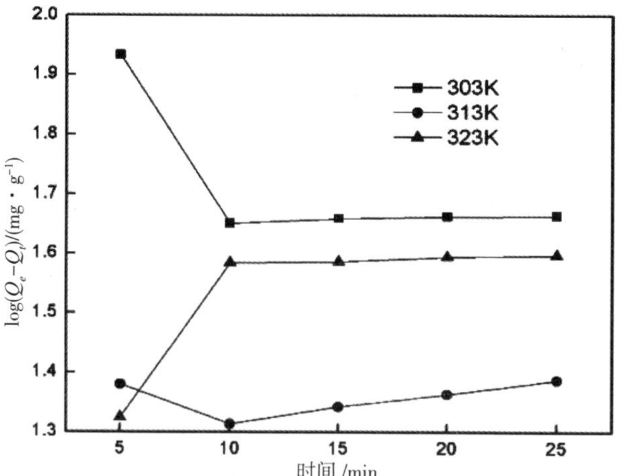

图 3-7　XSBSAC 吸附 Cu^{2+} 的准一级动力学方程

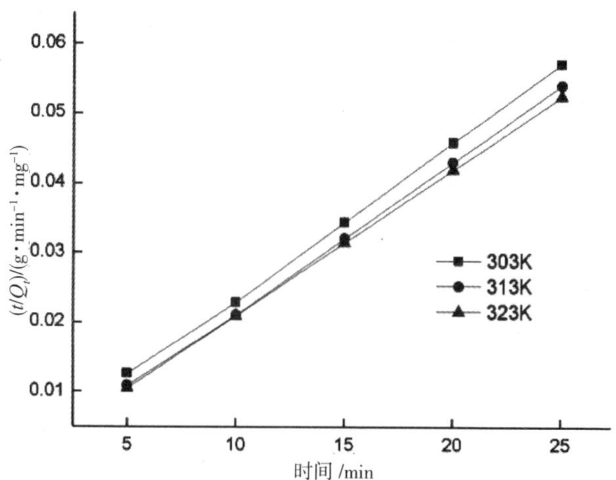

图 3-8　XSBSAC 吸附 Cu^{2+} 的准二级动力学方程

表 3-2　XSBSAC 吸附 Cu^{2+} 的动力学参数

T/K	准一级动力学方程			准二级动力学方程		
	R^2	Q_e/(mg・g^{-1})	K_1/min^{-1}	R^2	Q_e/(mg・g^{-1})	K_2/(g・mg^{-1}・min^{-1})
303	0.461 0	437.501	0.001 06	0.999 5	437.495	0.002 2
313	0.113 0	460.798	0.001 3	0.999 7	480.787	0.002 2
323	0.544 0	462.488	0.001 1	0.999 9	477.812	0.002 1

3.2.3 吸附等温线

分别用 Langmuir、Freundlich 吸附模型拟合不同温度下 XSBSAC 吸附 Cu^{2+} 的实验数据[16]。吸附等温线方程如式（3–4）和（3–5）所示。

Langmuir 吸附等温方程：

$$\frac{C_e}{Q_e}=\frac{1}{K_L \times Q_m}+\frac{C_e}{Q_m} \tag{3–4}$$

Freundlich 吸附等温方程：

$$Q=K_F \times C^{\frac{1}{n}} \tag{3–5}$$

式中，Q_m 为活性炭对 Cu^{2+} 的饱和吸附量，mg/g；

Q_e 为单位质量活性炭对 Cu^{2+} 平衡时的吸附量，mg/g；

C_e 为吸附平衡后溶液中 Cu^{2+} 浓度，mg/L；

K_F 和 n 为 Freundlich 方程经验常数；

K_L 为 Langmuir 方程常数，L/mg。

图 3–9 和图 3–10 分别为 XSBSAC 对 Cu^{2+} 的 Langmuir 吸附等温线和 Freundlich 吸附等温线，拟合的回归参数如表 3–3 所示。可以看出，在 303 ～ 323 K 实验温度范围内，Langmuir 吸附等温线相关系数 R^2 均高于 0.99，吸附属于单分子层吸附。Frendlich 吸附等温线相关系数 R^2 与 Langmuir 吸附等温线相比较低，Freundlich 方程经验常数 $1/n$ 值为 0.463 8 ～ 0.494 1，一般认为 $0.1<1/n<0.5$ 时；易于吸附，$1/n>2$ 时，吸附较为困难[17]。

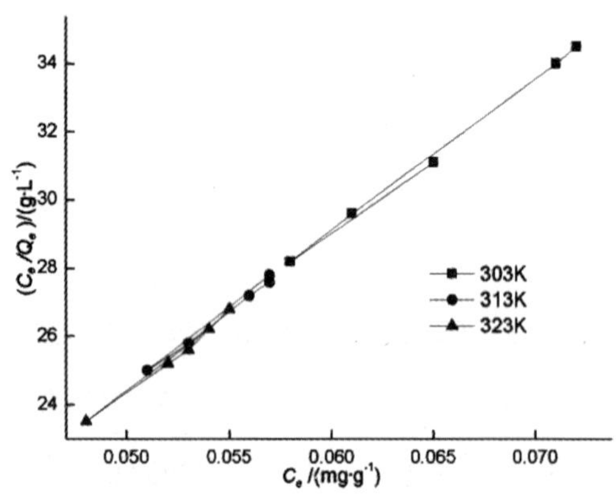

图 3–9 Langmuir 吸附等温线

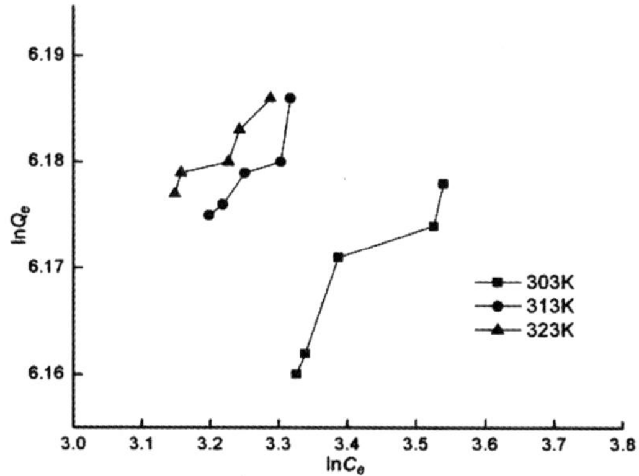

图 3-10　Freundlich 吸附等温线

表 3-3　XSBSAC 吸附 Cu^{2+} 的 Langmuir 及 Freundlich 数据拟合参数

T/K	Langmuir 方程			Freundlich 方程		
	R^2	$K_L/(L\cdot mg^{-1})$	Q_{max}（$mg\cdot g^{-1}$）	lnK_F	R^2	$1/n$
303	0.998 2	2.225 3	447.320	6.400 8	0.896 6	0.067 8
313	0.995 4	1.791 7	454.171	6.341 6	0.832 5	0.050 2
323	0.992 2	1.269 9	461.640	6.328 8	0.866 3	0.046 2

3.2.4　吸附热力学参数

XSBSAC 吸附 Cu^{2+} 热力学参数，吉布斯自由能（ΔG°）、熵（ΔS°）、焓（ΔH°）分别用式（3-6）—式（3-8）计算：

$$\ln K = \frac{\Delta S^{\circ}}{R} - \frac{\Delta H^{\circ}}{RT} \tag{3-6}$$

$$\Delta G^{\circ} = -RT\ln K \tag{3-7}$$

$$K = Q_e/C_e \tag{3-8}$$

式中，ΔG° 为吉布斯自由能，kJ/mol；ΔS° 为熵，J/（mol · K）；ΔH° 为反应焓，kJ/mol；R 为气体摩尔常数，8.314 J/（mol · K）；T 为绝对温度，K；K 是 Langmuir 平衡常数，L/mol。

LnK 对 1/T 作图由斜率和截距得出 ΔS° 与 ΔH°，如表 3-4 所示。由表 3-4 可知，$\Delta H^{\circ}>0$，说明是一个吸热反应，$\Delta G^{\circ}<0$，表明溶液中的 Cu^{2+} 容易被吸

附到 XSBSAC 的表面，活性炭吸附 Cu^{2+} 是自发进行的，$\Delta S^{o}<0$，说明在吸附过程中 XSBSAC 与 Cu^{2+} 溶液界面上分子的运动无序性下降。因此，XSBSAC 吸附 Cu^{2+} 是一个自发吸热熵降低过程。

表 3-4 XSBSAC 吸附 Cu^{2+} 热力学参数

T/K	ΔG^{o}/（kJ · mol^{-1}）	ΔH^{o}/（kJ · mol^{-1}）	ΔS^{o}/（kJ · mol^{-1}）
303	−7.378		
313	−7.716	4.141	−409.960
323	−8.065		

3.3 结论

（1）XSBSAC 含有丰富的微孔和中孔结构，总比表面积为 1 364.596 m^2/g，平均孔径为 1.62 nm，孔结构主要分布在 0 ～ 2nm，2 ～ 10 nm，通过 SEM 及 XRD 分析，XSBSAC 孔隙发达，具有很高比表面积，表面具有羟基、胺基等活性基团，增强了其吸附性能。

（2）当 Cu^{2+} 初始浓度 0.008 mol/L，pH=7 时，XSBSAC 吸附 Cu^{2+} 等温线符合 Langmuir 方程，准二级动力学方程能够较好地描述其吸附的动力学过程；在 303 ～ 323 K 温度范围内，XSBSAC 吸附 Cu^{2+} 的吸附自由能 $\Delta G^{o}<0$、吸附焓变 $\Delta H^{o}>0$、吸附熵变 $\Delta S^{o}<0$，表明活性炭吸附 Cu^{2+} 是一个自发的吸热过程，温度的升高有利于活性炭的吸附。

参考文献

[1] Moyers B,Wu J S. Removal of organic precursors by permanganate oxidation and alum coagulation[J] . Water Research, 1985, 19(3) : 309–314.

[2] 张华，张学洪，朱义年，等 . 柚皮基活性炭对 Cr(Ⅵ) 的吸附作用及影响因素 [J]. 环境科学与技术，2016, 39(3) : 74–79.

[3] 齐丛亮，蒙冕武，洪威，等 . 甘蔗叶活化时的热解历程及其活性炭的研制 [J]. 功能材料，2015, 18(46): 18027–18032.

[4] KaragÖz S, Tay T , Ucar S, et al. Activated carbons from waste biomass by sulfuric acid activation and their use on methylene blue adsorption[J]. 2008(99) 6214–6222.

[5] Han R P, Wang Y F, Han P, et al. Removal of methylene blue from aqueous solution by chaff in batch mode [J]. Journal of Hazardous Materials, 2006(137): 550–557.

[6] 郝一男. 文冠果种仁油的提取及其生物柴油合成的研究 [D]. 呼和浩特 : 内蒙古农业大学 , 2011.

[7] 蒋志茵 , 杨儒 , 张建春 , 等 . 大麻杆活性炭对染料吸附性能的研究 [J]. 北京化工大学学报 ,2010, 37(2):83–89.

[8] Tsang D C W, Hu J,Liu M Y.Activated carbon produced from waste wood pallets: adsorption of three classes of dyes[J]. Water Air Soil Pollut ,2007(184):141–155.

[9] Yang K B,Peng J H,Srinivasakannan C,et al. Preparation of high surface area activated carbon from coconut shells using microwave heating[J]. Bioresource Technology, 2010, 101(15): 6163–6169.

[10] Wang Y X, Liu C M, Zhou Y P. Preparation of mesopore enriched bamboo activated carbon and its adsorptive applications study[J]. Journal of Functional Materials, 2008, 39(3): 420–423.

[11] Wakayama H, Mizuno J, Fukushima Y. Structural defects in mechanically ground graphite[J]. Carbon, 1999, 37(6): 947–952.

[12] 齐丛亮 , 蒙冕武 , 刘庆业 , 等 . 甘蔗叶活性炭对碱性嫩黄的吸附热力学和动力学研究 [J]. 功能材料 , 2015, 46 (2): 02048–02052.

[13] Xu J, Zhou P Y, Lin Y Z, et al. Influence of activator on porous structure of activated carbon derived from tung–nut–shell[J]. Advances in Fine Petrochemicals, 2012, 12(9): 54– 58.

[14] 王勇 , 刘金玲 , 伍毓强 , 等 . 超高比表面积活性炭的制备与表征 [J]. 功能材料 , 2015, 46 (13): 13116–13120.

[15] Hameed B H, Ahmad A A. Batch adsorption of methylene blue from aqueous solution by garlic peel, an agricultural waste biomass[J]. Journal of Hazardous Materials, 2009(164): 870–875.

[16] 杨军,张玉龙,杨丹,等. 稻秸对 Pb^{2+} 的吸附特性[J]. 环境科学研究,2012,25(7): 815–819.

[17] 刘斌 , 顾洁 , 屠扬艳 , 等 . 梧桐叶活性炭对不同极性酚类物质的吸附 [J]. 环境科学研究 ,2014, 27 (1): 92–98.

第 4 章　文冠果子壳活性炭对 Pb^{2+} 的吸附及解吸

重金属污染早已引起国内外广泛重视，其含量超标对水资源、空气和人体健康都会造成严重的危害。铅（Pb）如果不经过处理便排入环境中，通过水体迁移、土壤和食物链的积累和放大效应，将对人体产生极大的伤害，因此，降低或去除水中铅离子显得非常重要和迫切[1]。采用廉价高效的吸附剂去除废水中的铅，是国内外研究人员需要解决的问题，应用最广泛的就是利用生物质资源制备活性炭，大蒜皮[2]、梧桐叶[3]、杏壳[4]和甘蔗渣[5]等生物质都能采用化学试剂活化的方法来制备活性炭。

经课题组前期研究发现[6]，文冠果子壳活性炭（XSBHAC）对有机染料具有很好的吸附效果，亚甲蓝吸附量为 591.47 mg/g，碱性品红吸附量为 359.52 mg/g，对碘吸附量为 1 438.05 mg/g，远高于大麻杆[7]、废弃木材[8]等原料所制得的活性炭。鉴于此，本实验选用废弃的文冠果子壳为原料，采用 65% $ZnCl_2$ 活化制备活性炭，研究 pH、Pb^{2+} 初始浓度、时间及温度对吸附量的影响，对吸附等温线及动力学方程进行拟合，研究吸附机理，为处理废水中 Pb^{2+} 提供一种高效的吸附剂，并为其实际应用提供理论依据。

4.1　材料与方法

4.1.1　原料、药品及仪器

原料：文冠果采购于内蒙古赤峰市。

药品：氯化锌、硝酸铅、二甲酚橙、六次甲基四胺、盐酸、硝酸、邻二氮非等化学试剂均为分析纯，实验用水为去离子水。

仪器：BZN–1.5 制氮机（杭州市博达华工科技发展有限公司）；ML802 电子天平（北京梅特勒公司）；DHG–9035 型电热恒温鼓风干燥箱（上海一恒科

学仪器有限公司）; TU-1901 双光束紫外分光光度计（北京普析仪器有限公司）; SHA-C 恒温振荡仪（金坛市荣华仪器制造有限公司）; 6309POT pH 测定仪（深圳市长利来科技有限公司）; 25-10 型箱式电阻炉（上海娥江仪器设备有限公司）; L5042V 低速离心机（上海知信实验仪器技术有限公司）; S-3400N 扫描电子显微镜和 X 射线能量色散光谱仪（日本日立公司）。

4.1.2　文冠果子壳活性炭制备

将 XSBH 粉碎，取一定量的粒径为 0.25 mm 粉末于烧杯内，放入 110℃干燥箱内干燥 12 h；加入 65% 的 $ZnCl_2$ 溶液，搅拌 1 h 后，放入 200℃的箱式电阻炉中碳化 4 h，继续升至 500℃活化 2 h，并通入 N_2；用去离子水反复清洗至 pH=7，抽滤，得到 XSBHAC，放入 110℃干燥箱中干燥 12 h，研磨后密封保存。

4.1.3　吸附试验

在 100 mL 锥形瓶中，准确称量 0.05 g XSBHAC，加入 50 mL 已知浓度的硝酸铅溶液，加入适量的六次甲基四胺缓冲溶液，分别在 30℃、40℃和 50℃下以 120 r/min 振速恒温振荡 40 min，振荡结束后离心分离，取适量上层清液，用紫外分光光度计（吸收波长 574 nm）测定 Pb^{2+} 平衡浓度，根据公式（4-1）计算活性炭平衡吸附量 Q。

$$Q=\frac{(C_0-C_e)\times V}{m} \tag{4-1}$$

式中，C_0 为吸附前溶液中 Pb^{2+} 浓度，mg/L；

C_e 为吸附平衡后溶液中 Pb^{2+} 浓度，mg/L；

Q 为单位质量活性炭对 Pb^{2+} 平衡时的吸附量，mg/g；

V 为溶液的体积，L；

m 为活性炭的质量，g。

4.1.4　解吸试验

用移液管量取 50 mL 稀硝酸溶液，加入 50 mL 锥形瓶中，加入吸附 Pb^{2+} 后的活性炭，在不同的酸浓度、时间、温度条件下进行解吸，根据公式（4-2）计算解吸率。

$$P=\frac{C_2}{C_0-C_1}\times 100\% \tag{4-2}$$

式中，C_0 为吸附前溶液中 Pb^{2+} 浓度，mg/L；

C_2 为解吸溶液中 Pb^{2+} 浓度，mg/L；

C_1 为吸附后溶液中 Pb^{2+} 浓度，mg/L；

P 为解吸率，%。

4.2 结果与讨论

4.2.1 文冠果子壳及其活性炭表征

对文冠果子壳及其活性炭进行扫描电镜观察如图 4–1 ～图 4–2 所示。由图 4–1 可见，XSBH 中存在一定的大孔结构，且表面较为平滑疏松，从而有利于活化剂快速进入疏松孔内，活化造孔。由图 4–2 可见，经高温 $ZnCl_2$ 溶液活化后，XSBHAC 表面被侵蚀，原先的大孔向内部延伸，形成丰富的无规则孔隙结构，孔隙内壁光滑，无沉积，并且连通性较好，具有较大的孔隙率，同时有大量的微小孔存在，构成了空间网状结构 [9–10]，吸附后的活性炭孔被 Pb^{2+} 充填，所以 XSBHAC 存在丰富的微孔或者中孔结构。

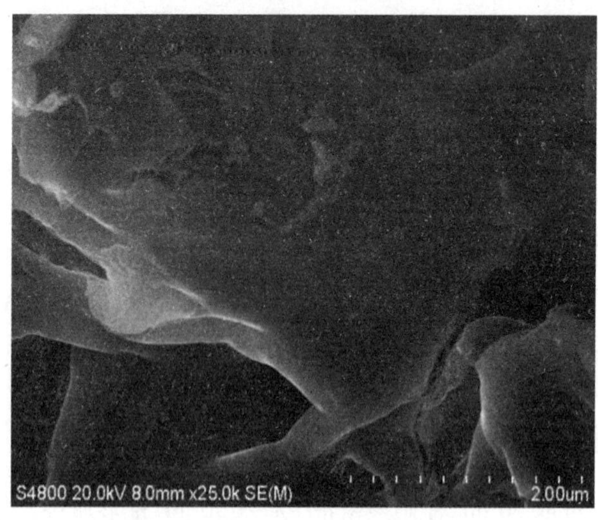

图 4–1　XSBH 扫描电镜图

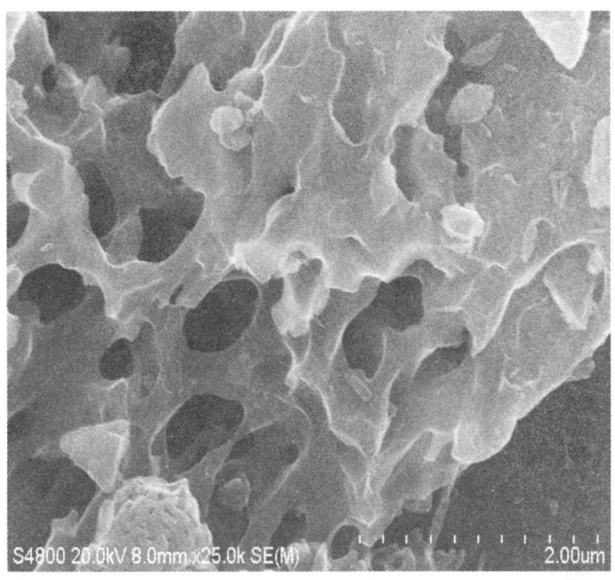

（a）吸附前

（b）吸附后

图 4–2　Pb^{2+} 吸附前后 XSBHAC 的 SEM 图

对 XSBHAC 吸附 Pb^{2+} 前后元素进行分析，结果如图 4–3 所示，由图 4–3（a）和（b）可知，吸附 Pb^{2+} 前后的 XSBHAC 表面的元素含量出现了明显变化。吸附前，活性炭表面由 C、O、N、Cl、Na 等元素组成，其质量百分含量分别为 80.26%、12.92%、5.62%、0.75% 和 0.46%。吸附后，活性炭表面由 C、O、N、Pb、Cl、Na 等元素组成，其质量百分含量分别为 75.58%、9.42%、4.19%、10.34%、0.35% 和 0.12%，这也证实 Pb^{2+} 在吸附过程中发生了表面沉淀。

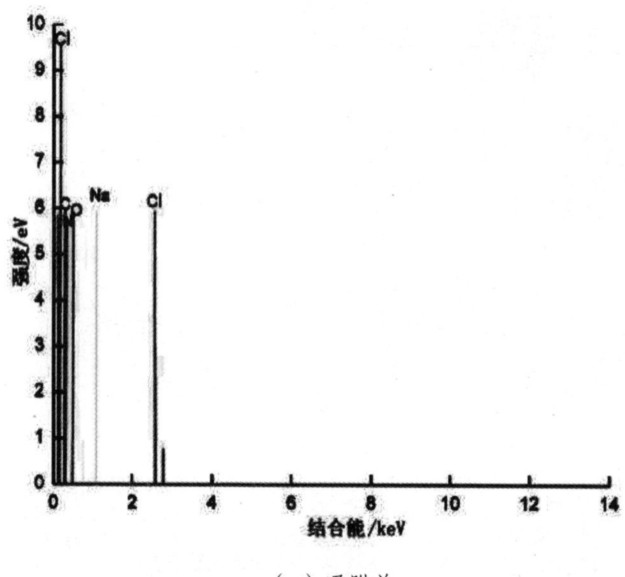

（a）吸附前

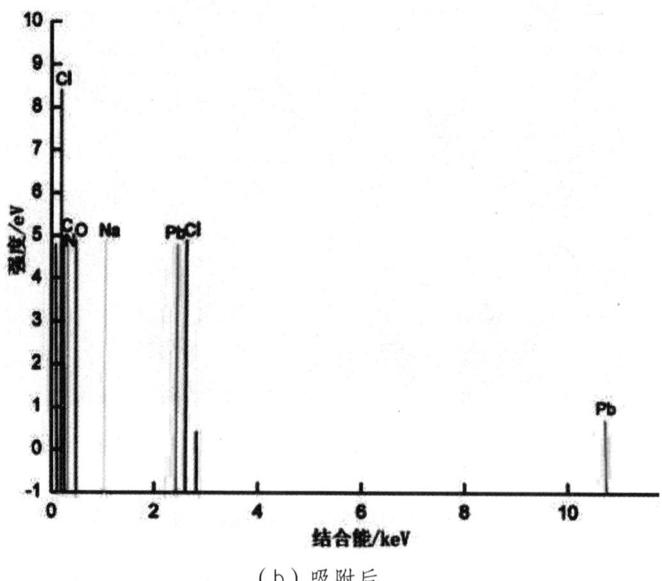

（b）吸附后

图 4-3　XSBHAC 吸附 Pb^{2+} 前后的 EDX 图

4.2.2　初始浓度对吸附的影响

在 30℃，pH=5，吸附 60 min 条件下，考查 Pb^{2+} 初始浓度对吸附效果的影响，结果如图 4–4 所示。由图 4–4 可知，随着 Pb^{2+} 初始浓度的增加，XSBHAC 对 Pb^{2+} 的吸附量逐渐增大，当 Pb^{2+} 浓度为 0.003 2 mol/L 时，吸附量最大，随后趋于平衡。这是由于随着 Pb^{2+} 浓度的增加，溶液中单位体积内所含的溶质数也将相应增加，因而单位时间内能够与活性炭接触的溶质分子数也增加 [11]，吸附量增大；当 Pb^{2+} 增加到一定浓度时，溶质分子占满活性炭接触位点后，吸附量不再发生变化。

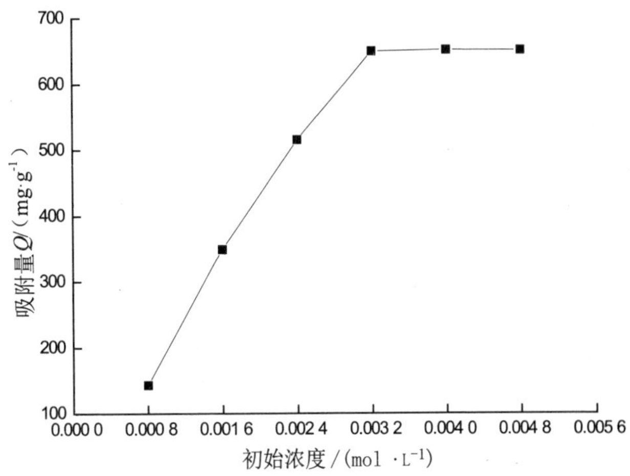

图 4–4　Pb^{2+} 初始浓度对 XSBHAC 吸附量的影响

4.2.3　pH 对吸附的影响

在 30℃，Pb^{2+} 初始浓度为 0.003 2 mol/L，吸附 60 min 的条件下，考查 pH 对吸附效果的影响，结果如图 4–5 所示。由图 4–5 可知，当溶液 pH 从 3.0 升至 5.0，XSBHAC 对 Pb^{2+} 的吸附量从 336.48 mg/g 增加到 649.38 mg/g；当溶液 pH>5.0 时，吸附量有所下降。这是因为溶液 pH 影响活性炭表面电性以及溶液中 Pb^{2+} 的存在形式，活性炭表面的含氧基团在溶液中 H^+ 作用下含有正电性，使活性炭带正电 [11]，pH 越低，越不利于活性炭对 Pb^{2+} 的吸附。当 pH>6.0 时，Pb^{2+} 将形成 $Pb(OH)_2$ 沉淀，不利于 XSBHAC 对 Pb^{2+} 的吸附。由此可知，吸附体系的最佳 pH 应为 5.0。

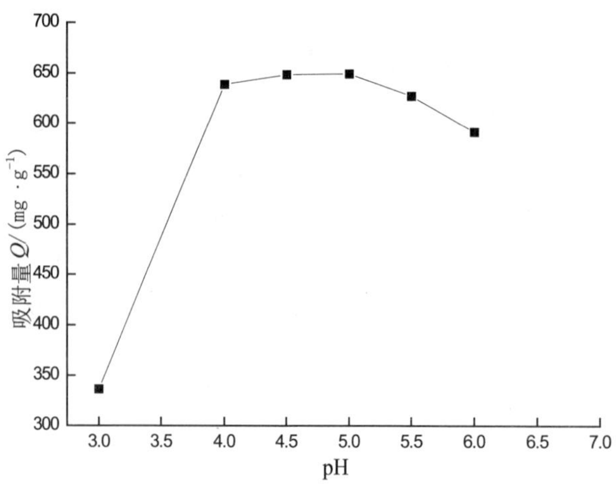

图 4-5　pH 对 XSBHAC 吸附量的影响

4.2.4　吸附温度对吸附的影响

在 Pb^{2+} 初始浓度为 0.003 2 mol/L，pH=5，吸附 40 min 的条件下，考查温度对吸附效果的影响，结果如图 4-6 所示。由图 4-6 可知，当温度从 20℃升至 70℃时，XSBHAC 对 Pb^{2+} 吸附量从 656.54 mg/g 下降到 549.46 mg/g，即随着温度升高，吸附量逐渐下降。由于活性炭吸附 Pb^{2+} 是放热反应，因此，温度升高不利于活性炭表面吸附 Pb^{2+}，低温利于对 Pb^{2+} 的吸附。虽然高温有利于 Pb^{2+} 在活性炭表面的扩散速率，激发活性炭表面的官能团与 Pb^{2+} 发生反应，但是如果温度升至 30℃以上，吸附量会急剧下降，解吸能高于吸附能[12]，Pb^{2+} 比较活跃，在活性炭边界层中的传质阻力减弱，导致已吸附的 Pb^{2+} 从活性炭表面脱附下来，从而导致吸附量下降。因此，活性炭吸附 Pb^{2+} 体系的最佳温度为 30℃。

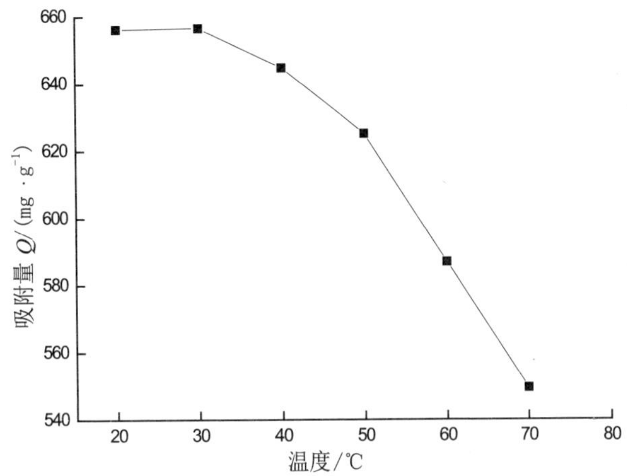

图 4-6　温度对 XSBHAC 吸附量的影响

4.2.5　吸附时间对吸附的影响

在温度为 30℃，Pb^{2+} 溶液初始浓度为 0.003 2 mol/L，pH=5 时，考查时间对吸附效果的影响，结果如图 4-7 所示。由图 4-7 可以看出，吸附随时间的延长呈先增大后趋于平缓的趋势，当吸附时间为 40 min 时，Pb^{2+} 吸附量最大。这是因为随着时间的延长，溶液中 Pb^{2+} 占据活性炭吸附位点的接触时间越长，在 40 min 时，XSBHAC 对 Pb^{2+} 的吸附量基本趋于稳定。初始时，Pb^{2+} 吸附量增加迅速，此时由于 XSBHAC 上吸附点位较多，伴随着吸附的进行，吸附点位缓慢减少，Pb^{2+} 吸附量增速减慢。另外，由于 Pb^{2+} 液相浓度与活性炭表面 Pb^{2+} 浓度差越来越小，传质推动力减弱，吸附速率降低。因此，吸附体系的最佳时间为 40 min。

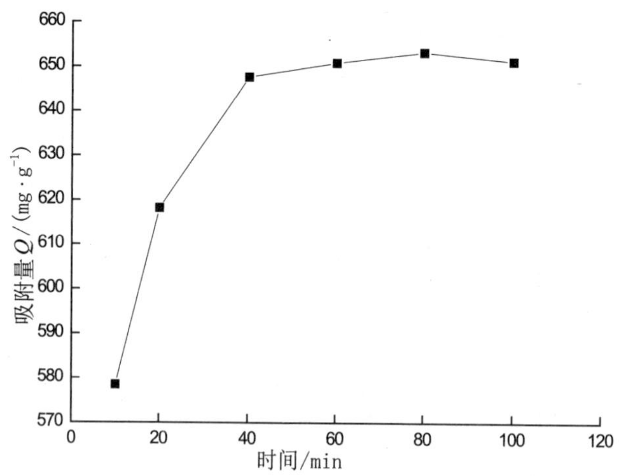

图 4–7　时间对 XSBHAC 吸附量的影响

4.2.6　吸附动力学

分别运用准一级动力学方程（4–3）、准二级动力学方程（4–4）描述 XSBHAC 吸附 Pb^{2+} 的速率快慢，通过动力学模型对动力学数据进行拟合，研究吸附机理。

准一级动力学方程：

$$\log Q_e - Q_t = \log Q_e - \left(\frac{K_1}{2.303}\right) t \tag{4–3}$$

准二级动力学方程：

$$\frac{t}{Q_t} = \frac{1}{K_2 Q_e^{\ 2}} + \left(\frac{1}{Q_e}\right) t \tag{4–4}$$

式中，Q_e 和 Q_t 分别为吸附平衡和 t 时刻单位质量活性炭对 Pb^{2+} 的吸附量，mg/g；

K_1 为准一级动力学速率常数，min^{-1}；

K_2 为准二级动力学速率常数，g/(mg · min)。

图 4–8 和图 4–9 显示了 XSBHAC 吸附 Pb^{2+} 的准一级动力学和准二级动力学模型，动力学相关参数如表 4–1 所示。可以看出，在 0.000 5 ～ 0.005 mol/L Pb^{2+} 浓度范围内、303 ～ 323 K 实验温度条件下，准二级动力学方程的线性相关系数 R^2 均高于 0.99，相关性明显高于准一级动力学模型，而且由准二级动力学方程计算的吸附量与实验测得的吸附量接近。这表明，XSBHAC 吸附 Pb^{2+} 符合准二级动力学方程，属于化学吸附，吸附速率取决于活性炭表面的吸附位点。

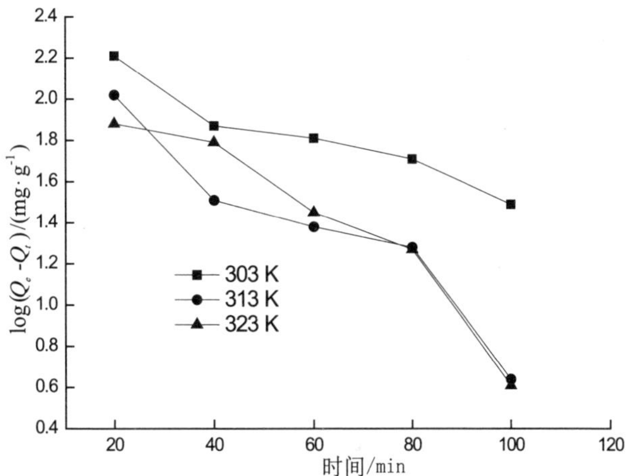

图 4-8　XSBHAC 吸附 Pb^{2+} 的准一级动力学方程

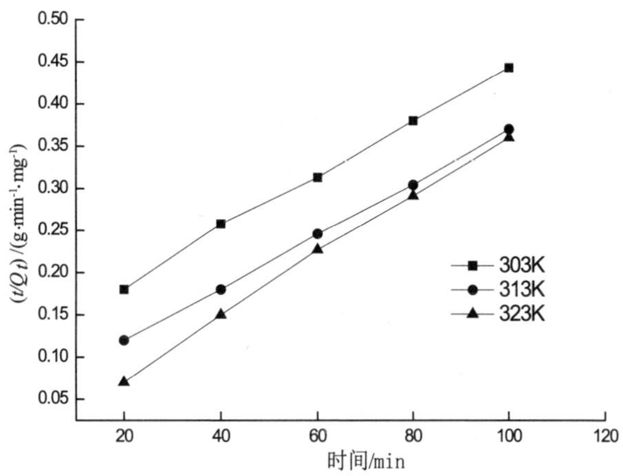

图 4-9　XSBHAC 吸附 Pb^{2+} 的准二级动力学方程

表 4-1　XSBHAC 吸附 Pb^{2+} 的动力学参数

T/K	准一级动力学方程			准二级动力学方程		
	R^2	$Q_e/(mg \cdot g^{-1})$	K_1/min^{-1}	R^2	$Q_e/(mg \cdot g^{-1})$	$K_2/(g \cdot mg^{-1} \cdot min^{-1})$
303	0.928 6	9.678 4	0.007 7	0.997 7	311.425	8.251 3
313	0.909 4	10.723 1	0.015 4	0.999 6	313.450	19.320 4
323	0.912 6	8.465 8	0.009 5	0.998 0	303.027 5	35.433 1

4.2.7 吸附等温线

分别用 Langmuir、Freundlich 吸附模型拟合不同温度下 XSBHAC 吸附 Pb^{2+} 的实验数据[13]。吸附等温线方程如式（4–5）和（4–6）所示。

Langmuir 吸附等温方程：

$$\frac{C_e}{Q_e}=\frac{1}{K_L \times Q_m}+\frac{C_e}{Q_m} \qquad (4\text{–}5)$$

Freundlich 吸附等温方程：

$$Q=K_F \times C^{\frac{1}{n}} \qquad (4\text{–}6)$$

式中，Q_m 为活性炭对 Pb^{2+} 的饱和吸附量，mg/g；

Q_e 为单位质量活性炭对 Pb^{2+} 平衡时的吸附量，mg/g；

C_e 为吸附平衡后溶液中 Pb^{2+} 浓度，mg/L；

K_F 和 n 为 Freundlich 方程经验常数；

K_L 为 Langmuir 方程常数，L/mg。

图 4–10 和图 4–11 显示了 XSBHAC 对 Pb^{2+} 的 Langmuir 吸附等温线和 Freundlich 吸附等温线，拟合的回归参数如表 4–2 所示。可以看出，在 303 ～ 323 K 实验温度范围内，Langmuir 吸附等温线相关系数 R^2 均高于 0.99，吸附属于单分子层吸附。Frendlich 吸附等温线相关系数 R^2 与 Langmuir 吸附等温线相比较低，Freundlich 方程经验常数 $1/n$ 值 0.463 8 ～ 0.494 1，一般认为 $0.1<1/n<0.5$ 时，易于吸附，$1/n>2$ 时，吸附较为困难[14]，说明 XSBHAC 比较容易吸附溶液中的 Pb^{2+}。

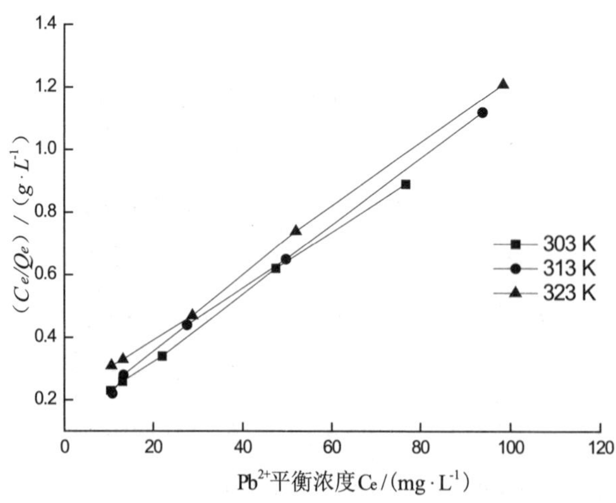

图 4-10　Langmuir 吸附等温线

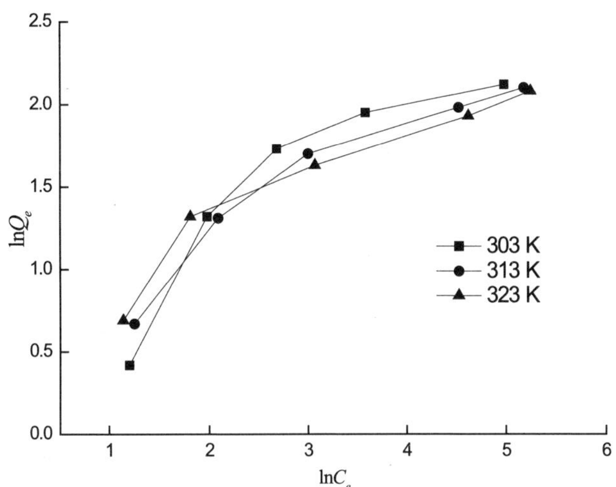

图 4-11　Freundlich 吸附等温线

表 4-2　XSBHAC 吸附 Pb^{2+} 的 Langmuir 及 Freundlich 数据拟合参数

T/K	Langmuir 等温式			Freundlich 等温式		
	R^2	$K_L/(\mathrm{L\cdot mg^{-1}})$	R_L	K_F	R^2	$1/n$
303	0.998 8	0.468 8	0.003 2	3.073 3	0.798 5	0.494 1
313	0.998 0	0.463 0	0.003 2	3.036 2	0.904 0	0.477 9
323	0.999 0	0.498 1	0.003 0	3.085 3	0.905 0	0.463 8

4.2.8　吸附热力学参数

XSBHAC 吸附 Pb^{2+} 热力学参数，吉布斯自由能（ΔG^{o}）、熵（ΔS^{o}）、焓（ΔH^{o}）分别用（4-7 ～ 4-9）公式计算：

$$\ln K = \frac{\Delta S^{\circ}}{R} - \frac{\Delta H^{\circ}}{RT} \tag{4-7}$$

$$\Delta G^{\circ} = -RT\ln K \tag{4-8}$$

$$K = Q_e / C_e \tag{4-9}$$

式中，ΔG^{o} 为吉布斯自由能，kJ/mol；

ΔS^{o} 为熵，J/(mol · K)；

ΔH^{o} 为反应焓，kJ/mol；

R 为气体摩尔常数，8.314 J/(mol · K)；

T 为绝对温度，K；

K 是 Langmuir 平衡常数，L/mol。

表 4-3 XSBHAC 吸附 Pb^{2+} 热力学参数

T/K	ΔG/（kJ · mol^{-1}）	ΔH/（kJ · mol^{-1}）	ΔS/（kJ · mol^{-1}）
303	−18.060 6		
313	−17.069 4	−54.666 6	−126.623 41
323	−16.893 8		

ln$K$ 对 1/T 作图由斜率和截距得出 ΔS 和 ΔH，如表 4-3 所示。由表 4-3 可知，ΔH<0，说明是一个放热反应；ΔG<0，表明溶液中的 Pb^{2+} 容易被吸附到 XSBHAC 的表面，活性炭吸附 Pb^{2+} 是自发进行的；ΔS<0，说明在吸附过程中 XSBHAC 与 Pb^{2+} 溶液界面上分子的运动无序性下降。因此，XSBHAC 吸附 Pb^{2+} 是一个自发、放热、熵降低的过程。

4.2.9 硝酸浓度对解吸的影响

在 30℃，取吸附 Pb^{2+} 后的 XSBHAC 0.05 g，解吸 60 min 条件下，考查稀硝酸浓度对解吸效果的影响，结果如图 4-12 所示。由图 4-12 可知，稀硝酸浓度达 0.06 mol/L 时解吸率最大，随着浓度的增加，解吸率基本不变，这是因为 Pb^{2+} 与活性炭发生了化学反应，单纯地改变 HNO_3 浓度不能提高解吸率。本实验结果以取 0.06 mol/L 为最佳解吸硝酸浓度。

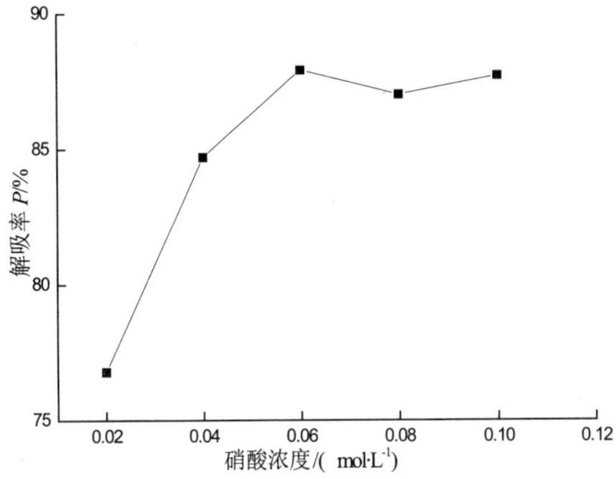

图 4-12　HNO_3 浓度对 XSBHAC 解吸率的影响

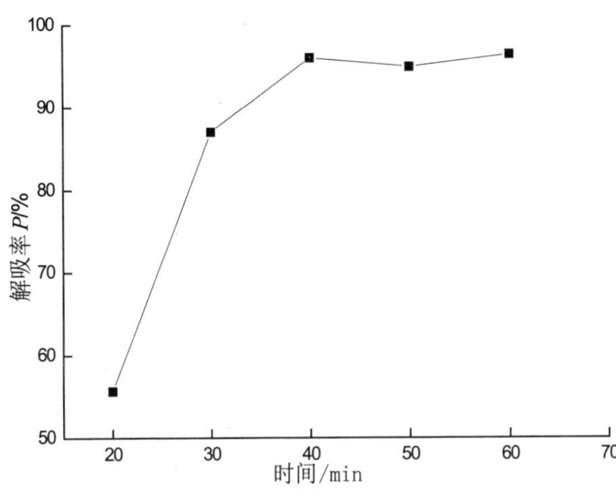

图 4-13　时间对 XSBHAC 解吸率的影响

4.2.10　时间对解吸的影响

在 30℃，取吸附 Pb^{2+} 后的 XSBHAC 0.05 g，稀硝酸浓度 0.06 mol/L 条件下，考查时间对解吸效果的影响，结果如图 4-13 所示。由图 4-13 可知，在 20 min 至 40 min 内解吸率增加缓慢，40 min 时达到最大，40 min 后解吸趋于平衡。主要是因为在解吸反应过程中，溶液中的 Pb^{2+} 与 XSBHAC 表面的 Pb^{2+} 之间的浓度梯度逐渐减小，反应推动力逐渐减小，解吸速率越来越慢，直到解吸反应达到平衡。

4.2.11 温度对解吸的影响

在稀硝酸浓度 0.06 mol/L，取吸附 Pb^{2+} 后的 XSBHAC 0.05 g，解吸 40 min 条件下，考查温度对解吸效果的影响，结果如图 4–14 所示。由图 4–14 可知，当温度从 30℃升至 60℃时，Pb^{2+} 解吸率从 92.80% 增加至 96.13%，即解吸率随着温度的升高而增加。Pb^{2+} 从 XSBHAC 上的解吸是吸热过程，温度升高向着解吸方向进行，这是因为温度升高，溶液黏度逐渐降低，活性炭中的 Pb^{2+} 与 H^+ 的碰撞机会逐渐增加，从而导致解吸率增大；溶液中的 Pb^{2+} 与 XSBHAC 表面的 Pb^{2+} 之间的浓度差变大，传质推动力增大，传质速率提高，Pb^{2+} 在溶液中的溶解度增加[15]。因此，随着温度的上升，利于 Pb^{2+} 在活性炭表面的解吸，与较低温利于 XSBHAC 吸附 Pb^{2+} 正好相反。

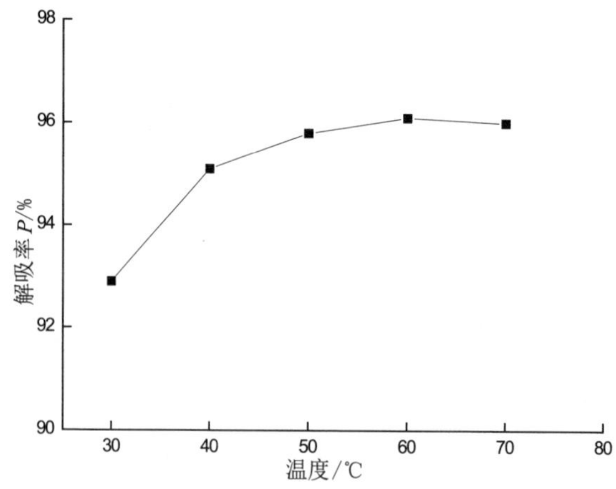

图 4–14 温度对 XSBHAC 解吸率的影响

4.3 结论

（1）通过 SEM–EDX 分析，XSBHAC 存在丰富的微孔或者中孔结构，吸附前后 XSBHAC 表面的元素含量出现了明显变化，证实了 Pb^{2+} 在吸附过程中发生了表面沉淀。

（2）进行了 XSBHAC 吸附 Pb^{2+} 的实验，研究了时间、Pb^{2+} 初始浓度、pH、温度对吸附效果的影响，得到了最佳工艺条件：在时间 40 min，Pb^{2+} 初始浓度 0.003 2 mol/L，pH=5，温度 30℃条件下，吸附量最大为 656.54 mg/g；

当稀硝酸浓度 0.06 mol/L，温度 60℃，时间 40 min，解吸率最大为 96.13%。

（3）在 Pb^{2+} 初始浓度 0.000 5 ～ 0.005 mol/L 范围内，XSBHAC 吸附 Pb^{2+} 等温线符合 Langmuir 方程，准二级动力学方程能够较好地描述其吸附的动力学过程；在 303 ～ 323 K 实验温度范围内，XSBHAC 吸附 Pb^{2+} 热力学参数 $\Delta G^{o}<0$、$\Delta H^{o}<0$、$\Delta S^{o}<0$，说明该吸附是一个自发的放热过程，温度的升高不利于 XSBHAC 对 Pb^{2+} 的吸附。

参考文献

[1] Moyers B, Wu J S. Removal of organic precursors by permanganate oxidation and alum coagulation[J]. Water Research, 1985, 19(3):309–314.

[2] Hameed B H, Ahmad A A. Batch adsorption of methylene blue from aqueous solution by garlic peel, an agricultural waste biomass[J]. Journal of Hazardous Materials, 2009, 164(2/3):870–875.

[3] Han R P, Zou W H, Yu W H. Biosorption of methylene blue from aqueous solution by fallen phoenix tree’s leaves[J]. Journal of Hazardous Materials, 2007, 141(1):156–162.

[4] 杨继亮 , 岳贤田 , 周建斌 . 活性炭对卷烟烟气中汞和铅的吸附 [J]. 林业工程学报 , 2016, 1(1):68–73.

[5] Cronje K J, Chetty K, Carsky M, et al. Optimization of chromium (VI) sorption potential using developed activated carbon from sugarcane bagasse with chemical activation by zinc chloride[J]. Desalination, 2011, 275(1/2/3):276–284.

[6] 郝一男. 文冠果种仁油的提取及其生物柴油合成的研究 [D]. 呼和浩特 : 内蒙古农业大学 , 2011.

[7] 蒋志茵 , 杨儒 , 张建春 , 等 . 大麻杆活性炭对染料吸附性能的研究 [J]. 北京化工大学学报 (自然科学版), 2010, 37(2):83–89.

[8] Tsang D C W, Hu J, Liu M Y. Activated carbon produced from waste wood pallets: adsorption of three classes of dyes[J]. Water Air & Soil Pollution, 2007, 184(1):141–155.

[9] Xu J, Zhou P Y, Lin Y Z, et al. Influence of activator on porous structure of activated carbon derived from tung-nut-shell[J]. Advances in Fine Petrochemicals, 2012, 12(9):54–58.

[10] 张晓雪 , 王欣 . 磷酸活化沙柳制备活性炭工艺 [J] . 林业工程学报，2016, 1(3):58–62.

[11] Yu J F, Chen P R, Yu Z M, et al. Preparation and characteristic of activated carbon from sawdust bio-char by chemical activation with KOH[J]. Acta Agronomica Sinica, 2013, 30(9):1017–1022.

[12] Kumar K V, Ramamurthi V, Sivanesan S. Modelling the mechanism involved during the sorption of methylene blue onto fly ash[J]. Journal of Colloid Interface, 2005, 284(1):14–21.

[13] 杨军，张玉龙，杨丹，等．稻秸对 Pb^{2+} 的吸附特性 [J]. 环境科学研究，2012, 25(7):815–819.

[14] 刘斌，顾洁，屠扬艳，等．梧桐叶活性炭对不同极性酚类物质的吸附 [J]. 环境科学研究，2014, 27(1):92–98.

[15] 张晓涛，王喜明．木质纤维素 / 纳米蒙脱土复合材料对废水中 Cu(Ⅱ) 的吸附及解吸 [J]. 复合材料学报，2015, 32(2):385–394.

第 5 章　硝酸改性文冠果壳活性炭吸附 Ca^{2+} 的研究

碱土金属在水体中含量超标会对生物产生不利影响[1]。人们经常用生石灰中和含重金属离子的酸性废水，能够减少重金属离子含量，但在使用生石灰时会引入大量 Ca^{2+}，导致管道壁及设备壁产生结垢，甚至堵塞管道，给生产造成严重后果[2-3]。常用处理重金属离子方法有化学沉淀、离子交换和吸附法等[4]。吸附法使用吸附剂原料来源广泛，去除效果好，成为处理废水的一种常用方法。活性炭拥有较大的比表面积、微孔结构，在酸性或碱性条件下都可发挥良好的作用[5-7]。实验利用硝酸改性文冠果活性炭吸附 Ca^{2+}，首次使用离子色谱仪测定 Ca^{2+} 浓度变化，以期为处理废液中 Ca^{2+} 提供一定技术支持。

5.1　实验部分

5.1.1　材料与仪器

本实验使用的试剂为自制文冠果壳活性炭（XSBAC）；氯化钙、硝酸等化学试剂购自国药集团化学试剂有限公司，均为分析纯。

H2050R 离心机（长沙湘仪），CP224C 电子天平（上海奥豪斯），SHB-Ⅲ A 循环水式多用真空泵（郑州长城科工），STARTER3100 pH 值测定仪（上海奥豪斯），DZF6210 真空干燥箱（江苏精达），SHA-C 水域恒温振荡器（江苏荣华），Tensor27 傅里叶变换红外光谱仪（德国布鲁克），XRD-6000 X 射线分析仪（日本岛津），ICS900 离子色谱仪（赛默飞世尔）。

5.1.2　改性 XSBAC 的制备

取已经制备好的 XSBAC 20 g 浸泡在 100 mL 的浓硝酸溶液中，将其放置在温度为 60℃的水浴锅中氧化 3 h，然后把氧化后得到的样品用蒸馏水反复冲洗过滤使其滤液 pH=7，最后将抽滤后得到的改性 XSBAC 放置在温度为 120℃的烘箱内进行干燥处理，密封保存。

5.1.3 吸附试验

采用容量瓶量取 50 mL 已知浓度的 $CaCl_2$ 溶液，并准确称量 0.05 g 的改性 XSBAC 加入容量瓶中，放入振速为 125 r/min 的水浴恒温振荡器中，在以下不同的 Ca^{2+} 溶液初始浓度（300 mg/L、400 mg/L、500 mg/L、600 mg/L、700 mg/L）、pH（1、2、3、4、5）、吸附时间 (60 min、90 min、120 min、150 min、180 min)、吸附温度（20℃、30℃、40℃、50℃、60℃）条件下进行吸附。吸附平衡后离心分离，用移液管取适量上清液至锥形瓶中，稀释 100 倍，用离子分谱仪进行测量，按公式（5-1）计算得到其吸附量 Q(mg/g)。

$$Q=\frac{(C_0-C_i)\times V\times M}{G} \tag{5-1}$$

式中，Q 为吸附量，mg/g；

C_0 为吸附前 Ca^{2+} 初始浓度，mol/L；

C_i 为吸附平衡后 Ca^{2+} 浓度，mol/L；

V 为 Ca^{2+} 溶液的体积，mL；

M 为 $CaCl_2$ 的相对分子质量；

G 为改性 XSBAC 的质量，g。

5.2 结果与讨论

5.2.1 改性文冠果活性炭的 FTIR 分析

图 5-1 是改性前后 XSBAC 的红外光谱图。由图可见，在 3 400 ～ 3 500 cm^{-1} 有明显的吸收峰，这主要是羟基或氢键的伸缩振动引起的，而未经改性的活性炭此处吸收峰较小。在 800 ～ 1 200 cm^{-1} 出现一系列吸收峰主要有芳环 CH 变形振动、C—O—C 的对称振动以及 NO_3^- 中等强度的吸收峰，而未改性的没有。在 1 380 cm^{-1} 处改性 XSBAC 较未改性的有非常明显的吸收峰，这是因为 NO_3^- 在 1 380 cm^{-1} 附近有强峰。改性 XSBAC 的官能团种类数目较多，可能是因为活性炭经改性后其表面形成了新的官能团，表面极性减弱有利于吸附[8]。

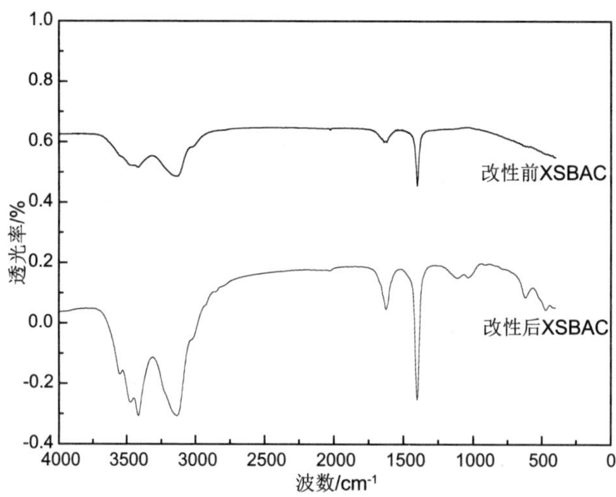

图 5-1　硝酸改性前后文冠果活性炭的红外光谱图

5.2.2　XRD 分析

图 5-2 是改性前后 XSBAC 的 XRD 谱图。由图可见，两种活性炭谱图上存在两个特征峰，其中一个强度较大较为明显的在 2θ=25° 左右，另一个强度较小的在 45° 左右，它们分别是活性炭材料的（002）和（100）晶面的衍射特征峰。未改性的 XSBAC 在（002）和（100）晶面的衍射特征峰比改性后的强度大且明显，说明未改性的文冠果活性炭的石墨化度较高，内部结构更加有序，而改性的孔隙结构层间距较大，更易于吸附[9]。

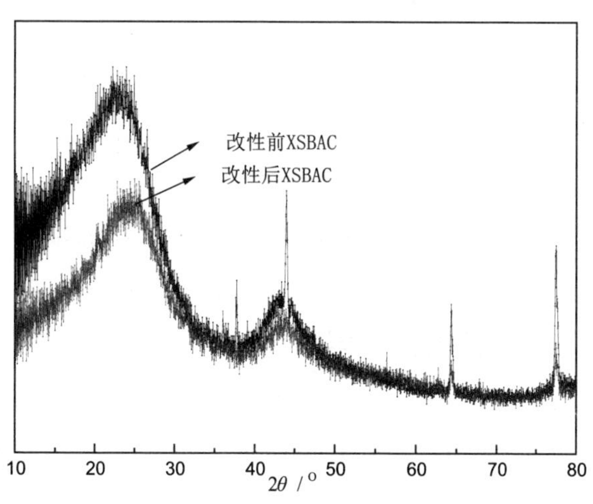

图 5-2　改性前后文冠果活性炭的 XRD 谱图

5.2.3 Ca^{2+} 初始浓度对吸附性能的影响

图 5-3 显示了在吸附时间为 120 min、吸附温度为 30℃、pH 为 2、改性 XSBAC 为 0.05 g 的条件下 Ca^{2+} 与改性 XSBAC 吸附能力的关系。如图所示，在 300 ～ 500 mg/L 随着溶液浓度的增加曲线呈现上升趋势，改性文冠果活性炭对 Ca^{2+} 的吸附量逐渐增加。当溶液浓度达到 500 mg/L 时吸附量达到最大值为 285.994 mg/g。当超过 500 mg/L 时曲线趋于平缓，吸附量不再增加。在溶液为 300 ～ 500 mg/L 时，XSBAC 的吸附量呈现逐渐增加的趋势，主要是因为开始溶质 Ca^{2+} 数量少于改性 XSBAC 表面的吸附位点，吸附量少。随着 Ca^{2+} 浓度增加，溶液中单位体积内所含溶质增加，增大了 Ca^{2+} 与改性 XSBAC 吸附位点接触碰撞的概率，所以吸附量随之不断增大 [10]。当 Ca^{2+} 溶液浓度达到 500 mg/L 后吸附趋于平衡，是因为 Ca^{2+} 占满改性 XSBAC 的接触位点，即使 Ca^{2+} 浓度再增大，吸附量也几乎没有变化。

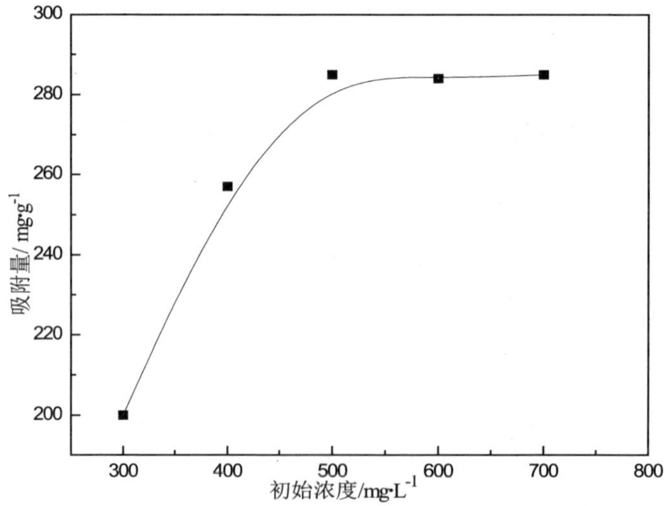

图 5-3 Ca^{2+} 初始浓度对硝酸改性 XSBAC 吸附量的影响

5.2.4 pH 对吸附性能的影响

图 5-4 显示了在 Ca^{2+} 溶液初始浓度为 500 mg/L，吸附时间为 120 min，吸附温度为 30℃，改性 XSBAC 为 0.05 g 的条件下 pH 对改性 XSBAC 吸附性能的影响。改性 XSBAC 对 Ca^{2+} 的吸附量在 1 ～ 2 呈逐渐上升趋势；在 pH 为 2 时吸附量达到最大，最大吸附量为 284.9 mg/g。继续增大 pH 到 4，吸附量呈

现下降趋势；当 pH 大于 4，后吸附量几乎保持在 198 mg/g 左右，变化微小。出现这种现象可能是因为 Ca^{2+} 的功能基团例如羟基和羧基在 pH 值从 1 ～ 2 时开始通过释放氢离子去质子化，带负电荷的位点越来越多，促进了 Ca^{2+} 的吸附[11]。在 pH 值为 2 时吸附得最好，当 pH 值高于 2 时水解和聚合物大大增加，导致产生氢氧化钙沉淀，因此，Ca^{2+} 的吸附量减少。当 pH 值大于 4 后吸附达到饱和，所以吸附量保持平衡。

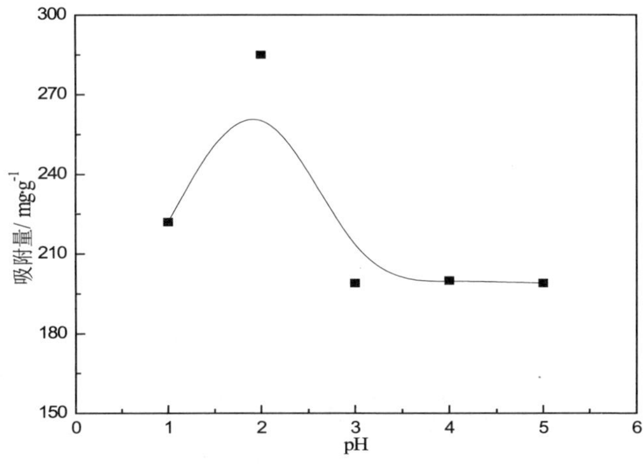

图 5-4　pH 对硝酸改性 XSBAC 吸附量的影响

5.2.5　温度对改性 XSBAC 吸附性能的影响

图 5-5 显示了吸附温度对改性 XSBAC 吸附性能的影响。由图可见，当 Ca^{2+} 初始浓度为 500 mg/L、pH 为 2、时间为 120 min，改性 XSBAC 为 0.05 g 的条件下吸附量在 20 ～ 40℃时从 276 mg/g 增加到 285 mg/g，增加不是特别明显；当温度继续升高，吸附量随着温度的升高而逐渐下降[12]。这是由于改性 XSBAC 吸附 Ca^{2+} 是放热反应，因此，升高温度不利于改性 XSBAC 表面吸附，Ca^{2+} 温度高于 40℃时吸附量会急剧下降，因此，改性 XSBAC 吸附 Ca^{2+} 的最佳温度为 40℃。

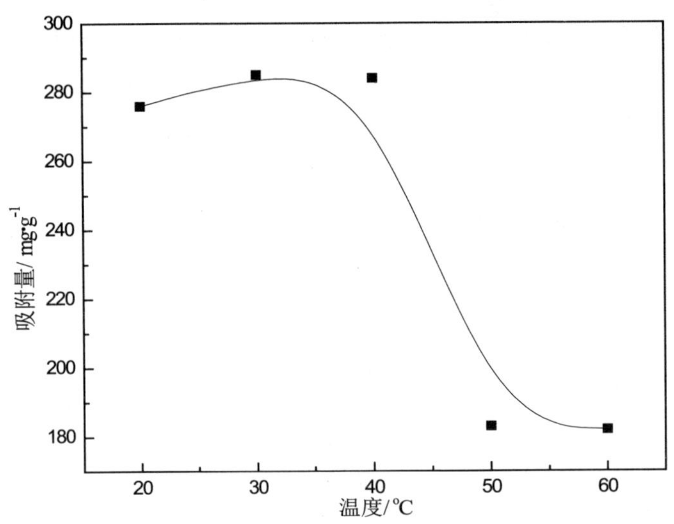

图 5-5　温度对硝酸改性 XSBAC 吸附量的影响

5.2.6　时间对改性 XSBAC 吸附性能的影响

图 5-6 为吸附时间对改性 XSBAC 吸附性能的影响。由图可见，在 Ca^{2+} 初始浓度为 500 mg/L、pH 为 2、时间为 120 min，改性 XSBAC 0.05 g 的条件下，改性 XSBAC 的吸附量在 60 ～ 120 min 时随时间的增长而逐渐增大；在 120 min 后曲线趋于平缓，吸附量几乎不再变化。所以得到其最佳吸附时间为 120 min，最大吸附量为 285 mg/g。出现这种状况是因为在 60 ～ 120 min 时，随着时间的延长吸附剂表面大量吸附位点与 Ca^{2+} 充分接触，吸附量随之增加。伴随着吸附反应的进行，吸附位点也会慢慢地减少，Ca^{2+} 的吸附量增速也会随之放慢 [13]；在 120 min 时，改性 XSBAC 对 Ca^{2+} 的吸附位点达到饱和状态，吸附量几乎不再变化。

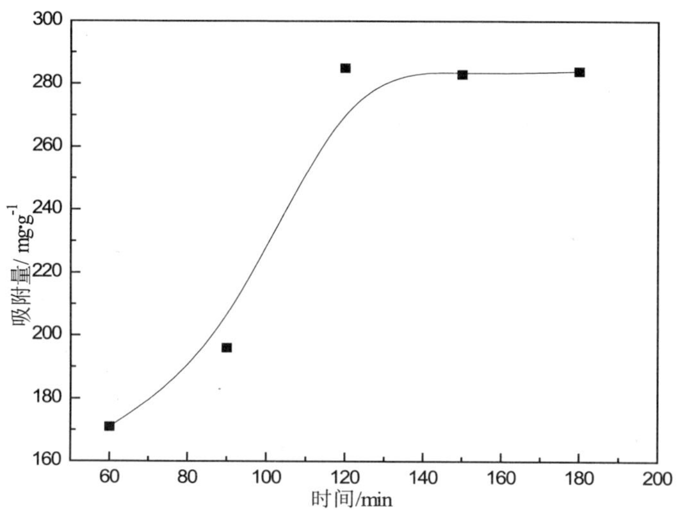

图 5-6　时间对改性文冠果活性炭吸附性能的影响

5.2.7　吸附动力学

分别用伪一级、伪二、粒子内扩散和叶洛维奇动力学模型[14-16]描述改性 XSBAC 吸附 Ca^{2+} 的速率快慢，通过模型对数据进行拟合，研究其吸附机理（见图 5-7 ～图 5-10）。

伪一级动力学模型：

$$\lg Q_e - Q_t = \lg Q_e - \left(\frac{K_1}{2.303}\right) t \tag{5-2}$$

伪二级动力学模型：

$$\frac{t}{Q_t} = \frac{1}{K_2 Q_e^{\ 2}} + \left(\frac{1}{Q_e}\right) t \tag{5-3}$$

粒子内扩散动力学模型：

$$Q_t = K_i t^{0.5} \tag{5-4}$$

叶洛维奇动力学模型：

$$Q_t = \frac{1}{\beta} \cdot \ln(\alpha\beta) + \frac{1}{\beta} \cdot \ln t \tag{5-5}$$

式中，Q_e 为平衡吸附量，mg/g；

Q_t 为时间为 t 时的吸附量，mg/g；

K_1 为一级动力学速率常数，min^{-1}；

K_2 为二级动力学速率常数，g/(mg · min)；

K_i 为粒子内扩散速率常数，mg/(g · $min^{0.5}$)；

α 为初始吸附率，mg/(g · min)；

β 为化学吸附作用的表面覆盖率和活化能，g/mg。

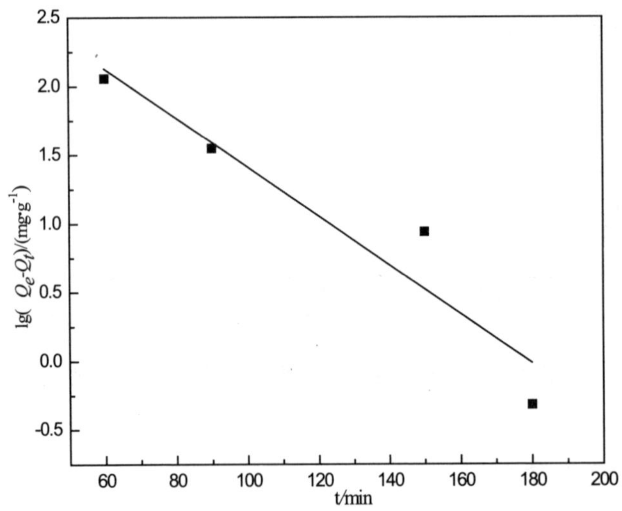

图 5-7　改性 XSBAC 吸附 Ca^{2+} 的伪一级动力学方程

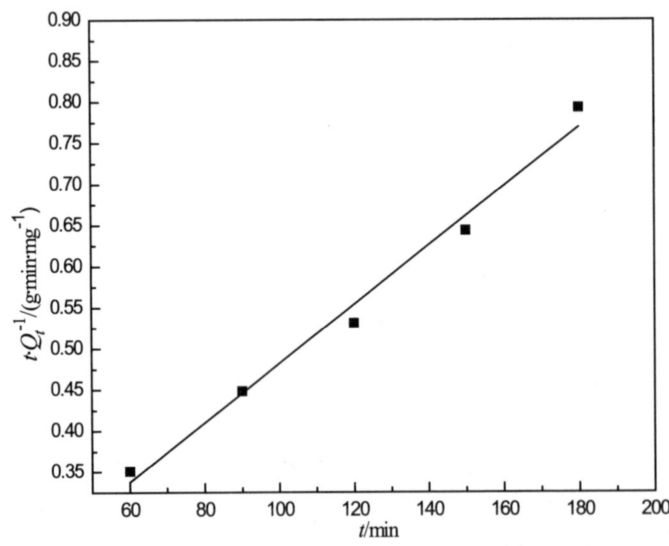

图 5-8　改性 XSBAC 吸附 Ca^{2+} 的伪二级动力学方程

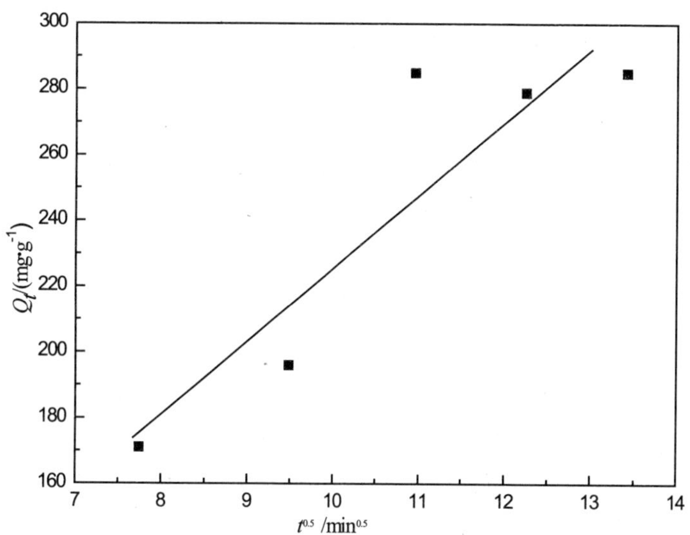

图 5-9　改性 XSBAC 吸附 Ca^{2+} 的粒子内扩散动力学方程

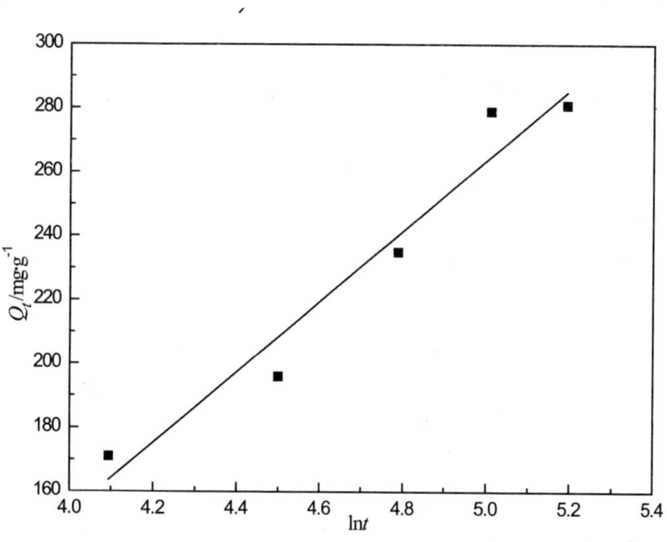

图 5-10　改性 XSBAC 吸附 Ca^{2+} 的叶洛维奇动力学方程

由表 5-1 可知，伪一级动力学的线性相关系数 R^2 为 0.912 7，理论吸附量为 1 581.6 mg/g，伪二级动力学的线性相关系数 R^2 为 0.986 8。理论吸附量为 277.8 mg/g，但实际测得吸附量为 279.5 mg/g。粒子内扩散动力学的线性相关系数 R^2 为 0.853。叶洛维奇动力学线性相关系数 R^2 为 0.568 1。经比较，伪二

级动力学 R^2 接近 1 且测得的理论吸附量与实际测得吸附量相差比较小，因此，改性文冠果活性炭对 Ca^{2+} 的吸附更符合吸附的伪二级动力学模型。证明此吸附属于化学吸附，活性炭表面的吸附位点决定其吸附速率。

表 5-1　改性 XSBAC 吸附 Ca^{2+} 的动力学参数

伪一级动力学			伪二级动力学		
K_1 /min^{-1}	Q_e/(mg · g^{-1})	R^2	K_2/[g · (mg · min)$^{-1}$]	Q_e/(mg · g^{-1})	R^2
0.045 6	1 945.808 0	0.912 7	0.000 127	7.777 8	0.986 8
	粒子内扩散动力学		叶洛维奇动力学		
	K_i/min^{-1}	R^2	α/[mg · (g · min)$^{-1}$]	β/(g · mg^{-1})	R^2
	23.227	0.798 8	8.2	0.008 5	0.853

5.2.8　吸附等温线

分别用以下吸附等温线模型拟合改性XSBAC吸附 Ca^{2+} 的实验数据[17–18]（见图 5–11 ～图 5–13）。

Langmuir 吸附等温线：

$$\frac{C_e}{Q_e}=\frac{1}{K_L\times Q_m}+\frac{C_e}{Q_m} \tag{5–6}$$

Freundich 吸附等温线：

$$Q=K_F\times C^{\frac{1}{n}} \tag{5–7}$$

Temkin 吸附等温线：

$$Q_e=RT\cdot\ln\frac{\alpha_t}{b_t}+RT\cdot\ln\frac{C_e}{b_t} \tag{5–8}$$

式中，C_e 为液相吸附平衡浓度，mg/L；

Q_e 为液相平衡吸附量，mg/g；

Q_{max} 为理论最大吸附量，mg/g；

K_L 为 Langmuir 常数，L/mg;

K_f、n 为常数；

α_t、b_t 为分别是 Temkin 等温线常数，L/g、J/mol。

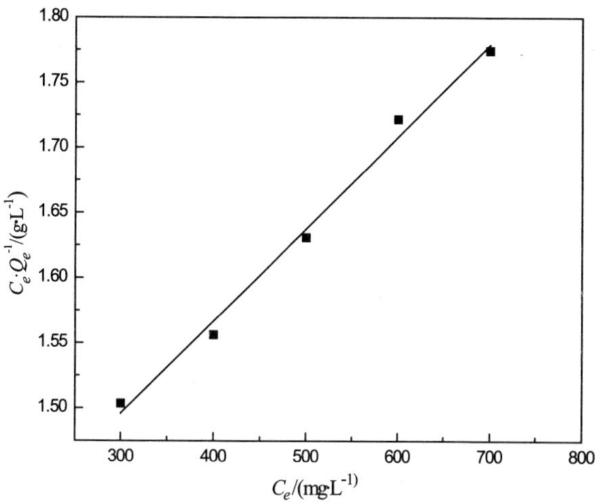

图 5-11　Langmuir 吸附等温线

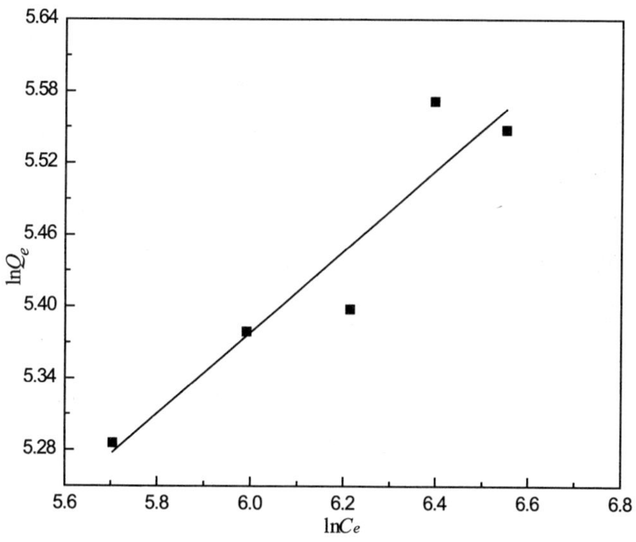

图 5-12　Freundich 吸附等温线

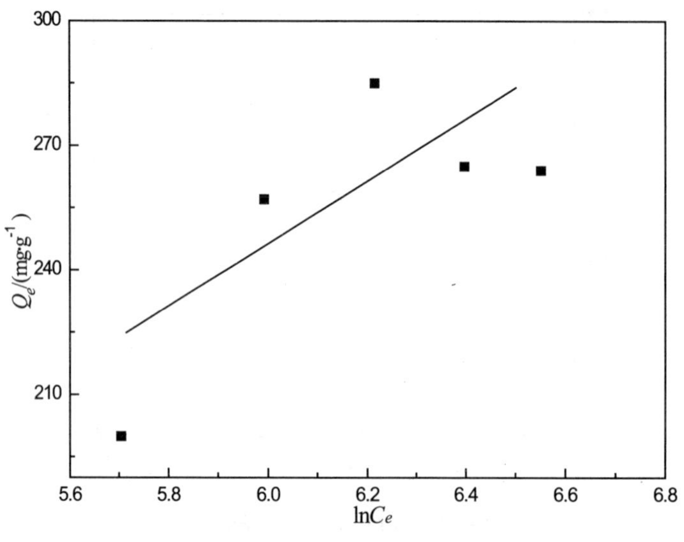

图 5-13　Temkin 吸附等温线

分别用 Langmuir、Freundich、Temkin 吸附等温线模型运用不同温度下改性文冠果活性炭对 Ca^{2+} 的吸附测得的实验数据对其进行分析，图 5-11 ～ 5-13 可以看出其线性相关性，表 5-2 为等温线速率常数。由表 5-2 可得，Langmuir 吸附等温线的线性相关系数 R^2 为 0.991 7，Freundlich 等温线理论的线性相关系数 R^2 为 0.885 1，Temkin 等温线的线性相关系数 R^2 吸附量为 0.568 1，比较三种吸附等温线的线性相关性及其线性系数 R^2，可以得出，改性文冠果活性炭对 Ca^{2+} 的吸附更加符合 Langmuir 吸附等温线模型 [19]。

表 5-2　改性 XSBAC 吸附 Ca^{2+} 的吸附等温线参数

Langmuir 等温线			Freundlich 等温线			Temkin 等温线		
K_l /(L·g^{-1})	Q_{max}	R^2	K_f	$1/n$	R^2	b_t/(L·g^{-1})	a_t/(J·mol^{-1})	R^2
0.000 514 2	8.571 4	0.991 7	27.594 0	0.344 4	0.885 1	34.912	0.070 6	0.568 1

5.2.9　吸附热力学

$$\ln K = \frac{\Delta S^{\circ}}{\mathrm{R}} - \frac{\Delta H^{\circ}}{\mathrm{R}T} \tag{5-9}$$

$$\Delta G^{\circ} = -\mathrm{R}T\ln K \tag{5-10}$$

$$K = Q_e / C_e \tag{5-11}$$

式中，ΔG^o 为吉布斯自由能，kJ/mol；

ΔH^o 为反应焓，kJ/mol；

ΔS^o 为吸附熵，J/(mol · K)；

T 为吸附温度，K；

R 为理想气体常数，8.314×10^{-3} kJ/(mol/K)。

由表 5–3 可知，$\Delta H^o<0$, 说明此反应是个放热反应；$\Delta G^o<0$，表明溶液中的 Ca^{2+} 容易被吸附在改性文冠果活性炭的表面，改性文冠果活性炭吸附 Ca^{2+} 是自发进行的；$\Delta S^o<0$, 说明在吸附过程中改性文冠果活性炭与 Ca^{2+} 溶液界面上分子的运动无序性下降[20]。所以改性文冠果活性炭吸附 Ca^{2+} 是一个自发放热熵降低过程。

表 5–3　改性 XSBAC 吸附 Ca^{2+} 的热力学参数

T/K	ΔG/(kJ · mol^{-1})	ΔH/(kJ · mol^{-1})	ΔS/(kJ · mol^{-1})
303	–15.623 2	–40.113 4	–105.920 3

5.3　结论

（1）改性文冠果活性炭的红外光谱图表明：活性炭经改性后其表面引入了一些新的官能团，表面极性减弱有利于吸附；XRD 谱图表明：改性文冠果活性炭有乱层类石墨结构，层间距较大，其微晶层数较少，孔隙结构比较发达，更易于吸附。

（2）改性文冠果活性炭对 Ca^{2+} 结果显示：Ca^{2+} 初始浓度为 500 mg/g、吸附时间为 120 min、吸附温度为 30℃、pH 为 2、改性文冠果活性炭量为 0.05 g 时改性文冠果活性炭对 Ca^{2+} 的吸附量最大，为 285.9 mg/g。

（3）整个吸附试验过程符合伪二级动力学模型和 Langmuir 等温线模型，是一个自发放热熵降低过程。

参考文献

[1] 窦智峰，姚伯元 . 高性能活性炭制备技术新进展 [J]. 海南大学学报（自然科学版），2006，24(1):74–82.

[2] 谢欢欢，周元祥，范晨晨 . 改性活性炭纤维对重金属离子的吸附研究 [J]. 合肥

工业大学学报，2016，39（2）:256–259.

[3] 周平，黄汝常，李永辉，等．去除废水中重金属离子的新工艺研究 [J]. 中国给水排水，1998，14(4):17–20.

[4] 肖乐勤，陈春，周伟良，等．活性炭纤维的氧化改性及其对铅离子吸附研究 [J]. 水处理技术，2011，37(5): 36–40.

[5] Yang K B, Peng J H, Srinivasakannan C, et al. Preparation of high surface area activated carbon from coconut shells using microwave heating [J]. Bioresource Technology, 2010, 101(15): 6163–6169.

[6] Wang Y X, Liu C M, Zhou Y P. Preparation of mesopore enriched bamboo activated carbon and its adsorptive applications study [J]. Journal of Functional Materials, 2008, 39(3): 420–423.

[7] 李海红，薛慧，裴盼盼，等．棉纤维基活性炭制备工艺的优化及性能表征 [J]. 化工进展，2018，37(5):1916–1922.

[8] Kumar K V, Ramamurthi V, Sivanesan S. Modelling the mechanism involved during the sorption of methylene blue onto fly ash [J]. Journal of Colloid Interface, 2005, 284: 14–21.

[9] 曾玉彬，周静颖，谭观成，等．一种生物质活性炭的制备及其对亚甲蓝的吸附性能 [J]. 应用化工，2019，48(10):2271–2275.

[10] 张华，张学洪，朱义年，等．柚皮基活性炭对 Cr(Ⅵ)的吸附作用及影响因素 [J]. 环境科学与技术，2016，39(3):74–79.

[11] 范明霞，童仕唐．活性炭孔隙结构对重金属离子吸附性能的影响 [J]. 功能材料，2016, 41(1): 1012–1016.

[12] Walker G M, Weatherley L R. Adsorption of acid dyes on to granular activated carbon in fixed beds [J].Water Research,1997,31(8):2093–2101.

[13] 李严，王欣，黄金田．沙柳活性炭纤维对铜离子的吸附及动力学分析 [J]. 应用化工，2018，47(2):231–233

[14] Zhang X T, Hao Y N, Wang X M, et al. Adsorption of iron(III), cobalt(II), and nickel(II) on activated carbon derived from Xanthoceras Sorbifolia Bunge hull: mechanisms, kinetics and influencing parameters[J].Water science and technology, 2017, 75(8):1849–1861.

[15] Han R P, Zou W H, Yu W H. Biosorption of methylene blue from aqueous solution by fallen phoenix tree’ s leaves[J]. Journal of Hazardous Materials, 2007,

141(1):156–162.

[16] Shipley H J, Engates K E, Grover V A. Removal of Pb(II), Cd(II), Cu(II), and Zn(II) by hematite nanoparticles: effect of sorbent concentration, pH, temperature, and exhaustion[J]. Environmental Science and Pollution Research, 2013, 20(3): 1727–1736.

[17] Bogusz A, Oleszczuk P, Dobrowolski R. Application of laboratory prepared and commercially available biochars to adsorption of cadmium, copper and zinc ions from water[J]. Bioresource Technology, 2015, 196:540–549.

[18] 刘斌，顾洁，屠扬艳，等 . 梧桐叶活性炭对不同极性酚类物质的吸附 [J]. 环境科学研究，2014，27(1):92–98.

[19] Ahmet O, Guelbeyi D. Removal of methylene blue from aqueous solution by dehydrated wheat bran carbon[J]. Journal of hazardous materials, 2007, 146(2):262–269.

[20] 范明霞，李玉堂，李柱，等 . 硝酸改性活性炭对镉离子的吸附和再生 [J]. 应用化工，2019，48(7):1625–1628.

第 6 章　硝酸镧改性文冠果壳活性炭对 Hg^{2+} 的吸附

活性炭材料具有特别稳定的化学及物理性质，拥有很高的机械强度、耐酸碱性和耐热性，优于一般的吸附剂，具有不溶于水和有机溶剂、可再生等特殊性质，大量应用于对重金属离子[1]、有机染料[2]、活性染料[3]、甲醛[4]的吸附。常用处理重金属离子方法有化学沉淀、离子交换和吸附法等[5]。吸附法使用吸附剂原料来源广泛，核桃壳[6]、柚子皮[7]、梧桐叶[8]都可作为制备活性炭的原料，去除效果好，是处理废水的一种常用方法。本实验用稀土硝酸镧对文冠果壳活性炭 XSBAC 进行改性得到 $La(NO_3)_3$/XSBAC，分析改性前后的结构变化，研究 $La(NO_3)_3$/XSBAC 对 Hg^{2+} 的吸附性能，以期为处理含 Hg^{2+} 废液提供一定技术支持。

6.1　实验部分

6.1.1　材料与仪器

本实验使用的试剂为自制文冠果活性炭（XSBAC）；氯化汞、硝酸镧、三羟甲基氨基甲烷、盐酸、溴甲酚绿等化学试剂购自国药集团化学试剂有限公司，均为分析纯。

H2050R 离心机（长沙湘仪），CP224C 电子天平（上海奥豪斯），SHB-Ⅲ A 循环水式多用真空泵（郑州长城科工），STARTER3100 pH 测定仪（上海奥豪斯），DZF6210 真空干燥箱（江苏精达），SHA-C 水域恒温振荡器（江苏荣华），Tensor27 傅里叶变换红外光谱仪（德国布鲁克），XRD-6000 X 射线分析仪（日本岛津），TU-1950 紫外分光光度计（普析），PHENOM 扫描电镜（荷兰复纳）。

6.1.2　$La(NO_3)_3$/XSBAC 的制备

取 XSBAC 20 g 浸泡在 100 mL 的硝酸镧溶液中，将其放置在温度为 80℃

的水浴锅中氧化 1 h，然后把氧化后得到的样品使用去离子水清洗，至 pH=7，抽滤，将硝酸镧改性的 XSBAC 放于干燥箱内干燥，得到成品。

6.1.3　绘制 Hg^{2+} 溶液标线

用锥形瓶量取 20 mL 已知浓度（10 mg/L、20 mg/L、30 mg/L、40 mg/L、50 mg/L）的 $HgCl_2$ 溶液，放入振速为 120 r/min 的水浴恒温振荡器中，振荡 30 min，再加入 2 mL 缓冲液（三羟甲基氨基甲烷–HCl 溶液）和 2 mL 溴甲酚绿，使用紫外分光光度计对其进行测量，得到汞离子的吸附标准曲线（见图 6–1）。

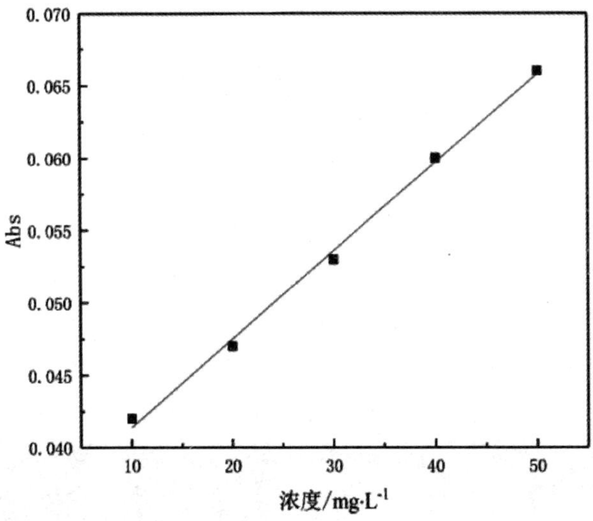

图 6–1　汞离子标线

$$Y=0.006\,1x+0.035\,3 \qquad R^2=0.997\,1 \tag{1}$$

式中，Y 为吸光度；

X 为吸附平衡后 Hg^{2+} 浓度，mg/L。

6.1.4　吸附试验

准确称量 0.05 g 的硝酸镧改性 XSBAC 加入 50 mL 已配好的 $HgCl_2$ 溶液中，放入水域恒温振荡器中，在以下不同的 Hg^{2+} 溶液初始浓度（50 mg/L、100 mg/L、150 mg/L、200 mg/L、250 mg/L、300 mg/L、350 mg/L）、吸附时间（30 min、60 min、90 min、120 min、150 min、180 min、210 min）、吸附温度（25℃、35℃、45℃、55℃、65℃、75℃、85℃）条件下进行吸附。吸附完成后，取 5 mL Hg^{2+} 放至刻度为 50 mL 容量瓶中，蒸馏水定容，用紫外分光光度

计计算吸光度，利用汞 Hg^{2+} 标线计算浓度，利用下式（6-2）计算吸附量。

$$Q=\frac{(C_0-C_i)\times V}{M} \tag{6-2}$$

式中，Q 为吸附量，mg/g；

C_0 为吸附前 Hg^{2+} 的初始浓度，mol/L；

C_i 为吸附平衡后 Hg^{2+} 的浓度，mol/L；

V 为 Hg^{2+} 溶液的体积，mL；

M 为改性 XSBAC 的质量，g。

6.2 结果与讨论

6.2.1 $La(NO_3)_3$/XSBAC 的表征

由图 6-2（b）可以看出，XSBAC 的表面出现了凸凹不平的呈团状的多微孔特征，内部结构较为疏松，表面光滑；图 6-2（a）能看到，$La(NO_3)_3$/XSBAC 的表面孔隙比改性前的孔隙结构减少，这是因为稀土元素活性组分白色颗粒镧附着在了活性炭的表面孔隙中，呈现团聚现象。

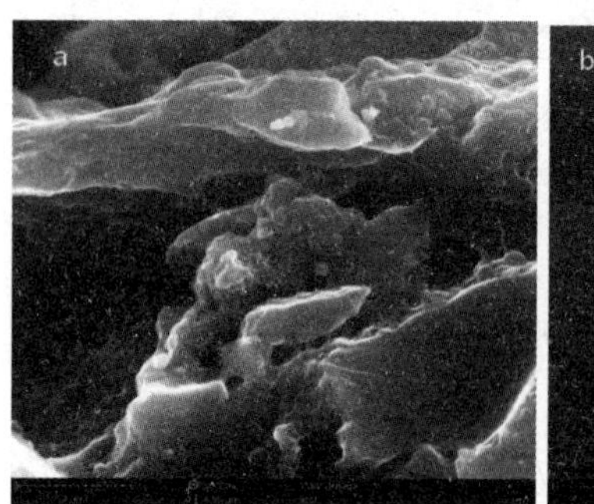

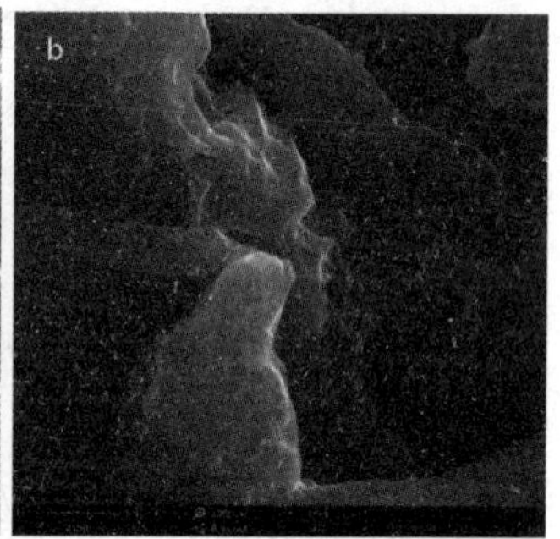

图 6-2 (a) $La(NO_3)_3$/XSBAC 和 (b) XSBAC 扫描电镜图

由图 6-3 可知，XSBAC 在 3 450 cm^{-1} 处的吸收峰，为 O—H 伸缩振动，是羧基、酚、醇中的羟基，1 752 cm^{-1} 出现的吸收峰主要是因为 C=C 所引起的，这说明活性炭表面引进了烯烃的官能团。经 $La(NO_3)_3$ 改性的文冠果活性炭 XSBAC 在 3 000 ～ 3 500 cm^{-1} 有明显的吸收峰，这主要是因为氢键或羟基的伸缩振动所引起的，在 1 648 cm^{-1} 处出现的尖峰是非共轭铜、羧基或酯基的 C=O 特征吸收峰，1 403 cm^{-1} 处出现的峰可能为醚键的振动吸收峰。XSBAC

经 $La(NO_3)_3$ 改性后其表面官能团数目增多，所以会导致 XSBAC 表面极性减弱，这样就会有利于离子的吸附 [9]。

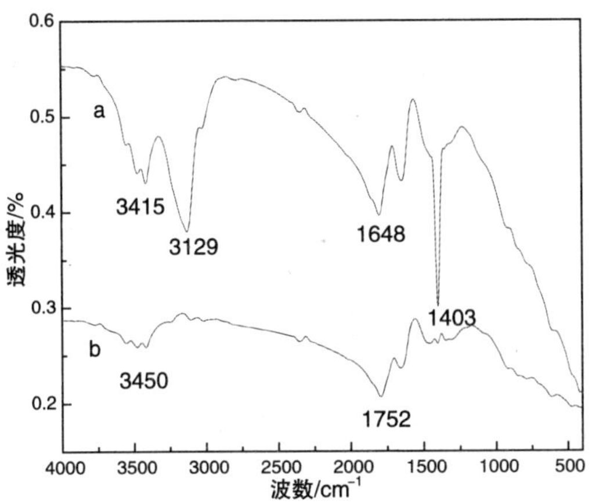

图 6–3　(a)$La(NO_3)_3$/XSBAC 和 (b)XSBAC 的 FTIR 图谱

由图 6–4 可知，在 $2\theta=25°$、$2\theta=45°$ 出现两个较强的衍射峰，分别代表（002）和（100）。而在 $2\theta=25°$ 处的衍射峰代表片状石墨结构的特征峰，峰强度会随着峰宽度的增大而减小，微晶结构的混乱程度逐渐被加大，未改性的 XSBAC 在（002）和（100）晶面的衍射特征峰比改性后的强度大且明显，这个现象表明改性前 XSBAC 的石墨化强度较高，内部结构比之有序性更高，然而，$La(NO_3)_3$ 改性的 XSBAC 的孔隙结构层的间距比改性前的大，这样会更加有利于对离子的吸附 [10]。

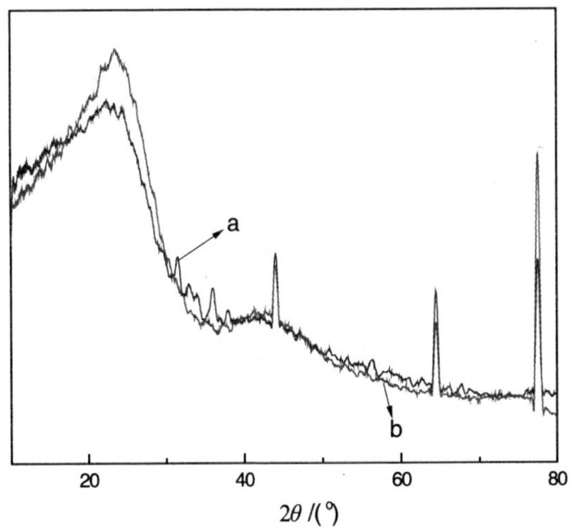

图 6–4　(a) $La(NO_3)_3$/XSBAC 和 (b) XSBAC 的 XRD 图谱

6.2.2 Hg^{2+} 初始浓度的影响

如图 6–5 所示，在 Hg^{2+} 初始浓度 50 ～ 250 mg/L 的范围内，随着溶液浓度的增加曲线呈现上升趋势，$La(NO_3)$/XSBAC 对 Hg^{2+} 的吸附量的增加量逐渐增大，这是由于 Hg^{2+} 浓度较低时，不能满足 $La(NO_3)$/XSBAC 表面的吸附活性位点 [11]。Hg^{2+} 初始溶液浓度增大，大大促进了 Hg^{2+} 吸附在 $La(NO_3)$/XSBAC 活性位点，吸附量增加。当 Hg^{2+} 浓度高于 250 mg/L 时，吸附量达到最大为 78.9 mg/g。当 Hg^{2+} 初始溶液浓度超过 250 mg/L 时，曲线不再上升，吸附量反而下降，这是因为 Hg^{2+} 初始溶液浓度大，Hg^{2+} 占满了 $La(NO_3)$/ XSBAC 表面达到饱和。

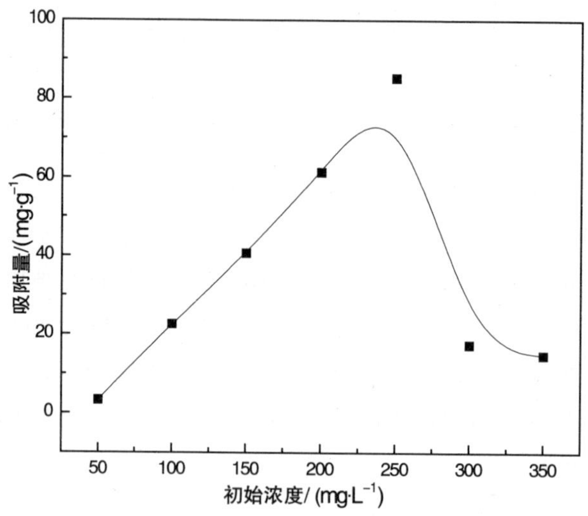

图 6–5　Hg^{2+} 初始浓度对 $La(NO_3)_3$/XSBAC 吸附量的影响

6.2.3 温度的影响

图 6–6 为吸附温度对 $La(NO_3)_3$/XSBAC 吸附 Hg^{2+} 的影响。在 $La(NO_3)_3$/XSBAC 添加量为 0.05 g 条件下，控制温度在 25 ～ 35℃时吸附量从 31 mg/g 增加到 36 mg/g，增加得不是特别明显；当温度继续升高，吸附量随着温度的升高而逐渐下降。温度超过 35℃，吸附量逐渐降低，这是由于 $La(NO_3)_3$/XSBAC 吸附 Hg^{2+} 属于放热过程，升高温度不利于吸附的进行。因此，选择 35℃为最佳吸附温度。

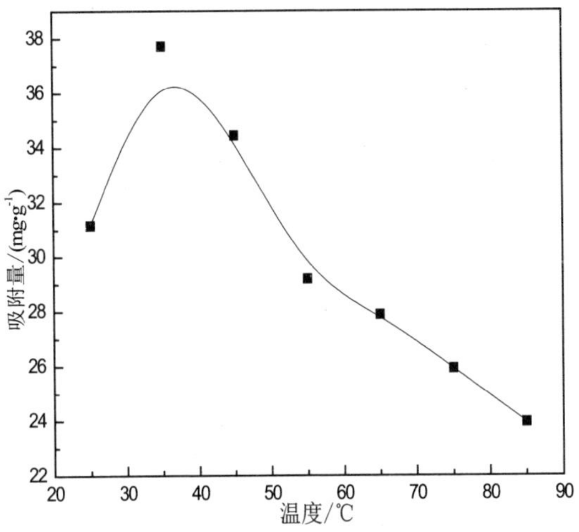

图 6-6　温度对 $La(NO_3)_3$/XSBAC 吸附量的影响

6.2.4　时间对吸附量的影响

由图 6-7 可看出，$La(NO_3)_3$/XSBAC 对 Hg^{2+} 的吸附量在 0.5 h 到 2.5 h 时随时间的增长而逐渐增大，在 2.5 h 后曲线下将，吸附量降低。所以得到其最佳吸附时间为 2.5 h，最大吸附量为 31.2 mg/g。出现这种状况是因为在 0.5 ～ 2.5 h 时随着时间的延长，吸附剂表面大量吸附位点与 Hg^{2+} 充分接触，吸附量随之增加。伴随着吸附反应的进行，吸附位点也会慢慢的减少，Hg^{2+} 的吸附量也会随之降低，在 2.5 h 时，$La(NO_3)_3$/XSBAC 对 Hg^{2+} 的吸附位点达到饱和状态，吸附量几乎不再变化。

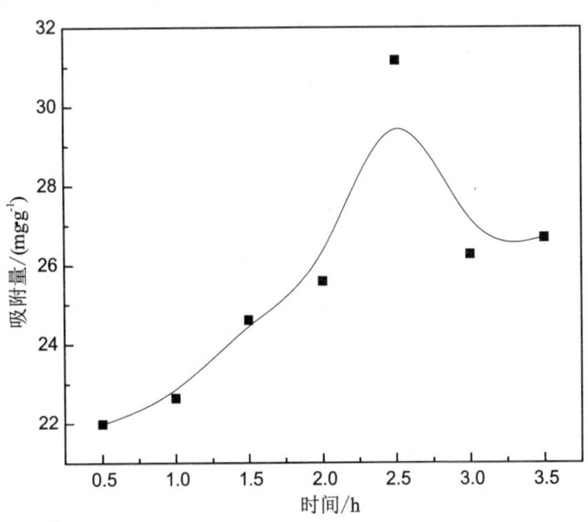

图 6-7　时间对 $La(NO_3)_3$/XSBAC 吸附量的影响

6.2.5 吸附动力学

分别用伪一级、伪二级、粒子内扩散和叶洛维奇动力学模型[12]描述 $La(NO_3)_3$/XSBAC 吸附 Hg^{2+} 的速率快慢，通过模型对数据进行拟合，研究其吸附机理（图 6–8 ～图 6–11）。

伪一级动力学模型：

$$\ln Q_e - Q_t = \ln Q_e - \mathrm{K1}t \tag{6-3}$$

伪二级动力学模型：

$$\frac{t}{Q_t} = \frac{1}{K_2 {Q_e}^2} + (\frac{1}{Q_e})\ t \tag{6-4}$$

粒子内扩散动力学模型：

$$Q_t = K_i t^{0.5} \tag{6-5}$$

叶洛维奇动力学模型：

$$Q_t = \frac{1}{\beta} \cdot \ln(\alpha\beta) + \frac{1}{\beta} \cdot \ln t \tag{6-6}$$

式中，Q_e 为平衡吸附量，mg/g；

Q_t 为时间为 t 时的吸附量，mg/g；

K_1 为一级动力学速率常数，min^{-1}；

K_2 为二级动力学速率常数，g/(mg · min)；

K_i 为粒子内扩散速率常数，mg/(g · $min^{0.5}$)；

α 为初始吸附率，mg/(g · min)；

β 为化学吸附作用的表面覆盖率和活化能，g/mg。

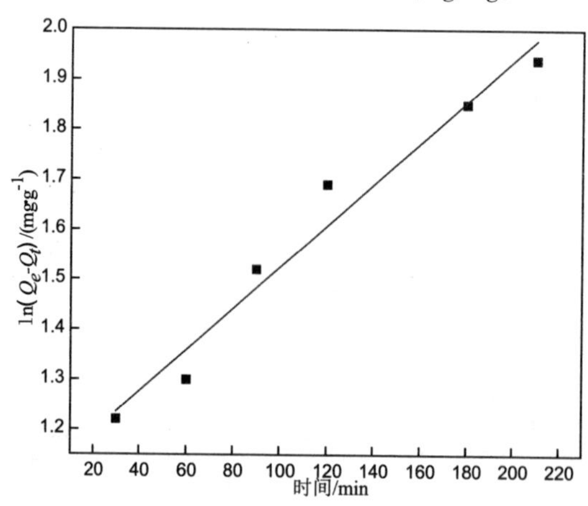

图 6–8 $La(NO_3)_3$/XSBAC 吸附 Hg^{2+} 的伪一级动力学方程

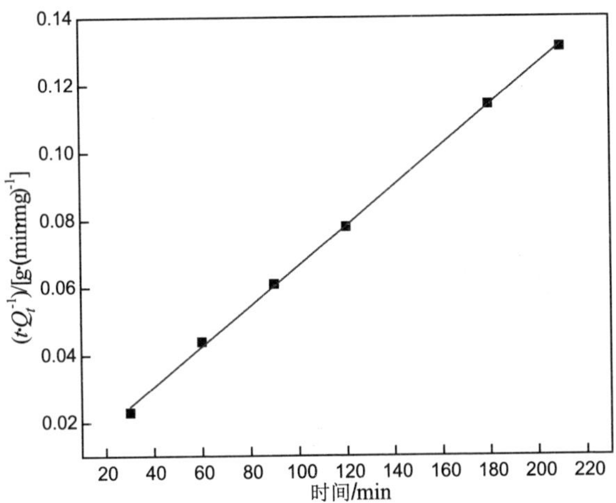

图 6-9　$La(NO_3)_3$/XSBAC 吸附 Hg^{2+} 的伪二级动力学方程

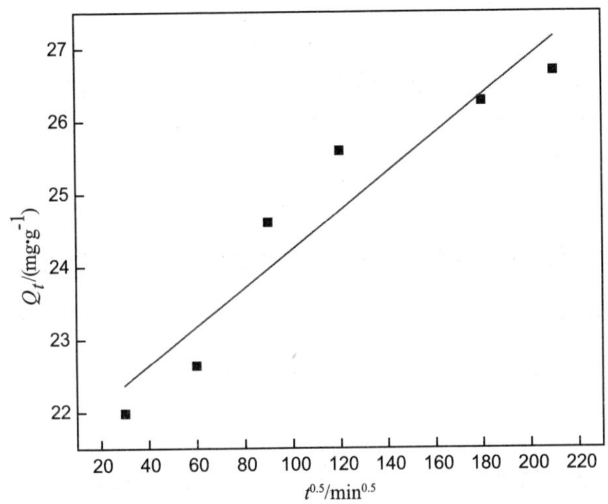

图 6-10　$La(NO_3)_3$/XSBAC 吸附 Hg^{2+} 的粒子内扩散动力学方程

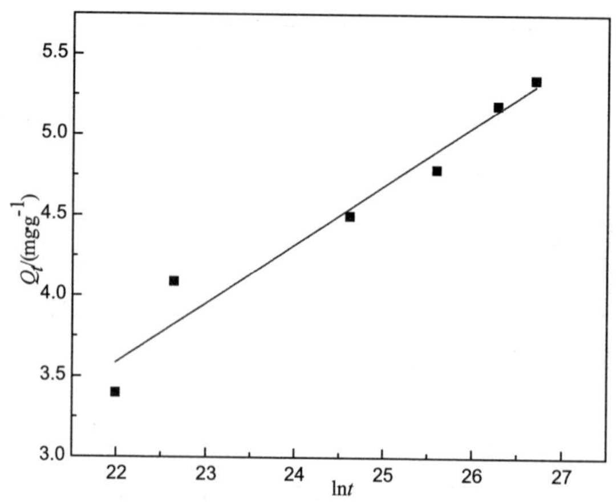

图 6-11　$La(NO_3)_3$/XSBAC 吸附 Hg^{2+} 的叶洛维奇动力学方程

由表 6-1 可知，伪二级动力学公式拟合 $La(NO_3)_3$/XSBAC 吸附 Hg^{2+} 过程，R^2=0.999 3，R^2 接近 1，高于其他动力学公式，经计算理论值为 31.17 mg/g，实际值为 29.5 mg/g，相差最小，故 $La(NO_3)_3$/XSBAC 对 Hg^{2+} 的吸附属于化学吸附，可通过二级动力学公式拟合该过程。证明此吸附属于化学吸附，$La(NO_3)_3$/XSBAC 表面的吸附位点决定其吸附速率。

表 6-1　$La(NO_3)_3$/XSBAC 吸附 Hg^{2+} 的动力学参数

伪一级动力学			伪二级动力学		
K_1/min^{-1}	Q_e/(mg · g^{-1})	R^2	K_2/[g · (mg · min)$^{-1}$]	Q_e/(mg · g^{-1})	R^2
0.004 1	31.68	0.946 19	0.15	31.17	0.999 3
	粒子内扩散动力学		叶洛维奇动力学		
	K_i/min^{-1}	R^2	α/[mg · (g · min)$^{-1}$]	β/(g · mg^{-1})	R^2
	0.027	0.907 0	0.000 001 1	2.730 2	0.953 23

6.2.6　吸附等温线

分别用以下吸附等温线模型拟合 $La(NO_3)_3$/XSBAC 吸附 Ca^{2+} 的实验数据 [13]（见图 6-12 ～图 6-14）。

Langmuir 吸附等温线：

$$\frac{C_e}{Q_e}=\frac{1}{K_L \times Q_m}+\frac{C_e}{Q_m} \qquad (6\text{-}7)$$

Freundich 吸附等温线：

$$Q = K_F \times C^{\frac{1}{n}} \tag{6-8}$$

Temkin 吸附等温线：

$$Q_e = RT \cdot \ln\frac{\alpha_t}{b_t} + RT \cdot \ln\frac{C_e}{b_t} \tag{6-9}$$

式中，C_e 为液相吸附平衡浓度，mg/L；

Q_e 为液相平衡吸附量，mg/g；

Q_{max} 为理论最大吸附量 mg/g；

K_L 为 Langmuir 常数，L/mg；

K_F、n 为常数；

α_t、b_t 分别是 Temkin 等温线常数，L/g、J/mol。

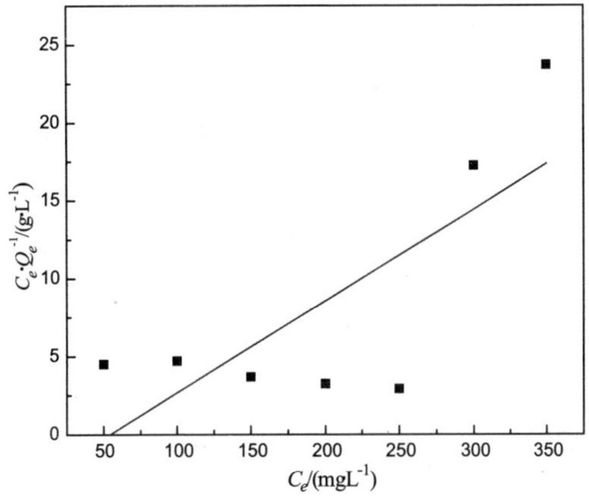

图 6–12　Langmuir 吸附等温线

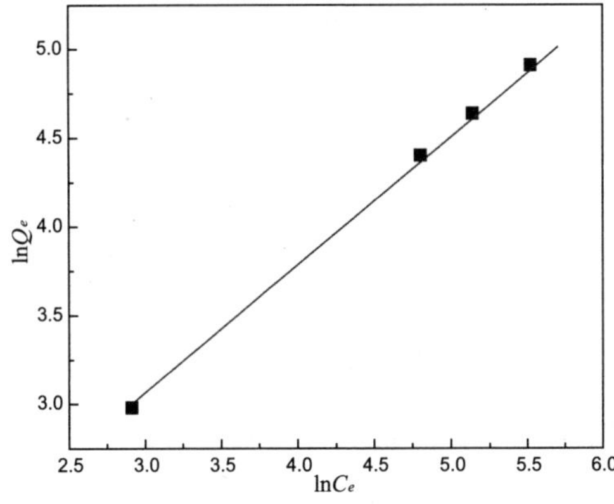

图 6–13　Freundich 吸附等温线

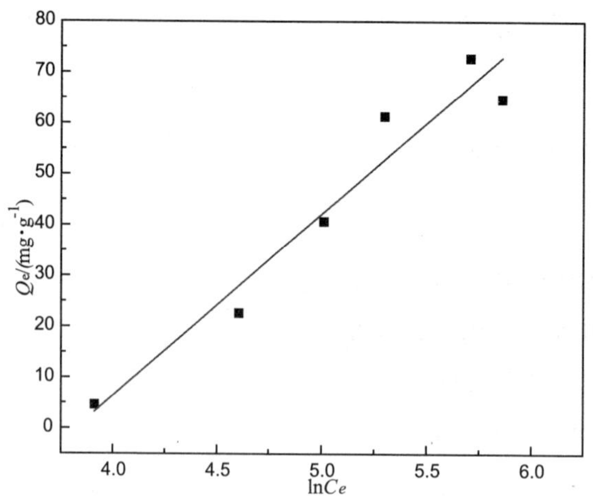

图 6–14 Temkin 吸附等温线

分别用 Langmuir、Freundich、Temkin 吸附等温线模型运用不同温度下 $La(NO_3)_3$/XSBAC 对 Hg^{2+} 的吸附测得的实验数据对其进行分析，由图 6-12 ～图 6-14 和表 6-2 可知，Langmuir、Freundlich 和 Temkin 吸附等温线的线性相关系数 R^2 分别为 0.57、0.998 0、0.943 5，比较三种吸附等温线的线性相关性及其线性系数 R^2，因此可以得出 $La(NO_3)_3$/XSBAC 对 Hg^{2+} 的吸附更加符合 Freundlich 吸附等温线模型[14]。

表 6-2 $La(NO_3)_3$/XSBAC 吸附 Hg^{2+} 的吸附等温线参数

Langmuir 等温线			Freundlich 等温线			Temkin 等温线		
K_1 /(L·g^{-1})	Q_{max}	R^2	K_F	$1/n$	R^2	b_t/(L · g^{-1})	a_t/(J·mol^{-1})	R^2
10.211	16.95	0.57	0.719 4	0.906	0.998 0	0.299 7	0.85×10^{-7}	0.943 5

6.2.7 吸附热力学参数

$$\ln K = \frac{\Delta S^{\circ}}{R} - \frac{\Delta H^{\circ}}{RT} \tag{6-10}$$

$$\Delta G^{\circ} = -RT\ln K \tag{6-11}$$

$$K = Q_e / C_e \tag{6-12}$$

式中，ΔG^{o} 为吉布斯自由能，kJ/mol；

ΔH^{o} 为反应焓，kJ/mol；

ΔS^{o} 为吸附熵，J/(mol · K)；

T 为吸附温度，K；

R 为理想气体常数，8.314×10^{-3}kJ/(mol/K)。

由表 6-3 可知：$\Delta H^{o}<0$, 说明此反应是个放热反应；$\Delta G^{o}<0$，表明溶液中的 Hg^{2+} 容易被吸附在 $La(NO_3)_3$/XSBAC 的表面，$La(NO_3)_3$/XSBAC 吸附 Hg^{2+} 是自发进行的；$\Delta S^{o}<0$, 说明在吸附过程中 $La(NO_3)_3$/XSBAC 与 Hg^{2+} 溶液界面上分子的运动无序性下降 [15]。所以，$La(NO_3)_3$/XSBAC 吸附 Hg^{2+} 是一个自发放热熵降低过程。

表 6-3　$La(NO_3)_3$/XSBAC 吸附 Hg^{2+} 的热力学参数

T/K	ΔG^{o}/(kJ · mol^{-1})	ΔH^{o}/(kJ · mol^{-1})	ΔS^{o}/(kJ · mol^{-1})
303	−10.908	−7.70	−0.036

6.3　结论

（1）根据 $La(NO_3)_3$/XSBAC 的红外光谱图可知：活性炭经过稀土改性后含氧官能团数量增多，导致活性炭表面极性下降。XRD 和 SEM 谱图表明：$La(NO_3)_3$/XSBAC 具有乱层类石墨结构，有较大的层间距，表面孔隙比改性前的孔隙结构减少。

（2）$La(NO_3)_3$/XSBAC 吸附 Hg^{2+} 的最佳条件为选择 $La(NO_3)_3$/XSBAC 添加量 0.05 g、Hg^{2+} 溶液初始浓度为 250 mg/L、吸附时间 150 min 和温度 35℃，吸附量最大达 78.9 mg/g。

（3）$La(NO_3)_3$/XSBAC 吸附 Hg^{2+} 试验过程符合伪二级动力学模型和 Freundlich 等温线模型，是一个自发放热熵降低过程。

参考文献

[1] 李鑫璐，赵建海，王康，等. 氢氧化镁改性活性炭对 Cu(Ⅱ) 的吸附 [J]. 精细化工，2020, 37(1):130–134.

[2] Deng H, Lu J, Li G, et al. Adsorption of methylene blue on adsorbent materials produced from cotton stalk [J]. Chemical Engineering Journal, 2011, 172(1): 326–334.

[3] Walker G M, Weatherley L R. Adsorption of acid dyes on to granular activated carbon

in fixed beds [J]. Water Research, 1997, 31(8): 2093–2101.

[4] 张浩 . 钢渣改性生物质废弃材料制备生态活性炭及其降解甲醛性能 [J]. 工程科学学报 , 2020, 42(2): 172–178.

[5] 肖乐勤 , 陈春 , 周伟良 , 等 . 活性炭纤维的氧化改性及其对铅离子吸附研究 [J]. 水处理技术 , 2011, 37(5): 36–40.

[6] 严云 , 杨公秀 , 李松 , 等 . 核桃壳磁性活性炭的制备及条件优化 [J]. 环境工程 , 2018, 36(3): 138–142.

[7] 王芳 . 磁性活性炭的制备及其氨氮吸附机理 [J]. 化工新型材料 , 2018, 36(3): 210–213.

[8] 刘斌 , 顾洁 , 屠扬艳 , 等 . 梧桐叶活性炭对不同极性酚类物质的吸附 [J]. 环境科学研究 , 2014, 27(1):92–98.

[9] 李海红 , 杨佩 , 薛慧 , 等 . KOH 活化法制备废旧棉织物活性炭及表征 [J]. 精细化工 , 2018, 35(1): 174–180.

[10] 曾玉彬 , 周静颖 , 谭观成 , 等 . 一种生物质活性炭的制备及其对亚甲蓝的吸附性能 [J]. 应用化工 , 2019, 48(10):2271–2275.

[11] Yu J F, Chen P R, Yu Z M, et al. Preparation and characteristic of activated carbon from sawdust bio–char by chemical activation with KOH[J]. Acta Agronomica Sinica, 2013, 30 (9): 1017–1022.

[12] Hameed B H, Ahmad A A. Batch adsorption of methylene blue from aqueous solution by garlic peel, an agricultural waste biomass[J].Journal of Hazardous Materials, 2009, 164: 870–875.

[13] Bogusz A, Oleszczuk P, Dobrowolski R. Application of laboratory prepared and commercially available biochars to adsorption of cadmium, copper and zinc ions from water[J]. Bioresource Technology, 2015, 196:540–549.

[14] 杨军 , 张玉龙 , 杨丹 , 等. 稻秸对 Pb^{2+} 的吸附特性 [J]. 环境科学研究 , 2012, 25(7):815–819.

[15] Fakhri A, Adami S. Adsorption and thermodynamic study of cephalosporins antibiotics from aqueous solution onto MgO nanoparticles [J]. Journal of the Taiwan Institute of Chemical Engineers, 2014, 45(3):1001–1006.

第 7 章　硝酸铈改性文冠果壳活性炭对 Hg^{2+} 的吸附

汞（Hg）离子自身不能被自然降解，容易被动植物吸收或进入地下水从而进入人体，严重地危害着人的健康，因此，在大自然中汞的污染越来越引起研究者们的注意[1]。去除汞离子的方法主要有化学去除法、吸附去除法[2]、溶剂萃取去除法等[3]。吸附去除法是物理反应去除方法，具有操作灵活、简便、成本低等优点，所以在处理废气废水等方面一直备受青睐。吸附去除法所使用的材料便宜而且容易获取，成本低廉而且不会对环境产生第二次污染[4]。活性炭是常用的多孔吸附剂，具有很强的稳定性、非常高的比表面积，在环保、家居、工业等各个领域表现出了良好的应用前景[5]。但是活性炭又存在利用率低、在水中容易粘连在一起、在水中吸附完难分离等缺点，因此，为制备出更高效的吸附剂，需要对它们进行改性。本章以来源广泛、价格低廉的文冠果壳为原料，以碳酸钾为活性剂制备文冠果活性炭，利用硝酸铈对其进行改性，研究改性后活性炭对汞离子的吸附性能，为处理含汞废水提供一定的技术支持。

7.1　实验部分

7.1.1　主要材料与仪器

材料：文冠果、氯化汞、硝酸铈、碳酸钾、双氧水作为实验材料。

仪器：H2050R 离心机（长沙湘仪），CP224C 电子天平（上海奥豪斯），SHB-ⅢA 循环水式多用真空泵（郑州长城科工），STARTER3100 pH 测定仪（上海奥豪斯），DZF6210 真空干燥箱（江苏精达），SHA-C 水域恒温振荡器（江苏荣华），Tensor27 傅里叶变换红外光谱仪（德国布鲁克），XRD-6000 X 射线分析仪（日本岛津），TU-1950 紫外分光光度计（普析），PHENOM 扫描电镜（荷兰复纳）。

7.1.2　$Ce(NO_3)_3$/XSBAC 制备试验

将文冠果壳粉碎，40 目筛子筛取，放入坩埚中，加入 K_2CO_3 溶液搅拌均匀，放入 700℃马弗炉中煅烧，时间为 6 h，煅烧后放入研钵中研碎得到文冠果活性炭 XSBAC。将 XSBAC 放入从磁力搅拌器加入一定量双氧水氧化 4 h，氧化后加入去离子水不断冲洗，放于 120℃烘箱中烘干 12 h。将干燥好的氧化 XSBAC 浸渍在质量分数为 4% 的 $Ce(NO_3)_3$ 溶液中，30℃磁力搅拌 6 h，放入 500℃马弗炉中煅烧 5 h，煅烧后洗涤至中性，置于干燥箱内烘干得到稀土改性的文冠果活性炭 $Ce(NO_3)_3$/XSBAC，制备流程如图 7–1 所示。

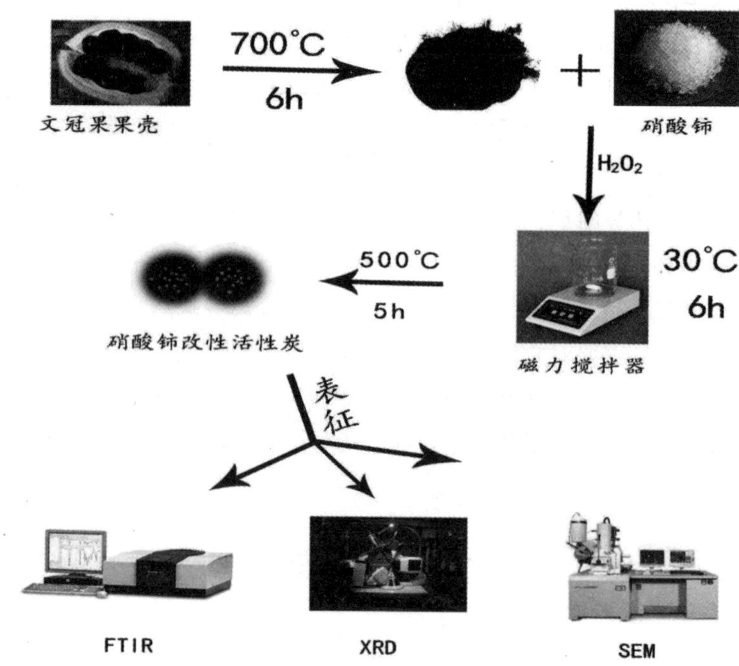

图 7–1　$Ce(NO_3)_3$/XSBAC 制备流程图

7.1.3　$Ce(NO_3)_3$/XSBAC 吸附 Hg^{2+} 试验

取 0.03 g 的 $Ce(NO_3)_3$/XSBAC 加入 50 mL 已配好的 $HgCl_2$ 溶液中。放入振速为 120 r/min 的水浴恒温振荡器中，在以下不同的 Hg^{2+} 溶液初始浓度 (50 ～ 350 mg/L)、pH 值 (1 ～ 5)、吸附时间 (1 ～ 5 h) 和吸附温度 (25 ～ 60℃) 条件下进行吸附。吸附结束后用离心机离心分离，移取 5 mL 上清液，加入蒸馏水稀释 10 倍，再移取 20 mL 稀释后的液体于试管中，分别量取 2 mL 缓冲液（三羟甲基氨基甲烷 -HCl 溶液）和 2 mL 溴甲酚绿，加入试管中，用紫外分光光度计测量吸光度，利用式（7–1）计算吸附量[6]。

$$Q=\frac{(C_0-C_i)\times V}{M}\quad Q=\frac{(C_0-C_i)\times V}{M}\quad Q_e=V\left(C_0-C_e\right)/m \tag{7–1}$$

式中，Q 为吸附量，$mg\cdot g^{-1}$；

C_0 为吸附前 Hg^{2+} 溶液的初始浓度，$mol\cdot L^{-1}$；

C_i 为吸附平衡后 Hg^{2+} 溶液的浓度，$mol\cdot L^{-1}$；

V 为 Hg^{2+} 溶液的体积，mL；

M 为 $Ce(NO_3)_3$/XSBAC 的质量，g。

7.2　结果与讨论

7.2.1　$Ce(NO_3)_3$/XSBAC 的表征

图 7–2 为 XSBAC 和 $Ce(NO_3)_3$/XSBAC 的扫描电镜图，可以看到经 H_2O_2 氧化处理，XSBAC 表面有利于铈离子分散的部位增多，$Ce(NO_3)_3$ 改性后的 XSBAC 表面孔径增多并且比改性前的孔径深，白色颗粒分布在孔周围又没有把孔堵住，白色颗粒为铈[7]。

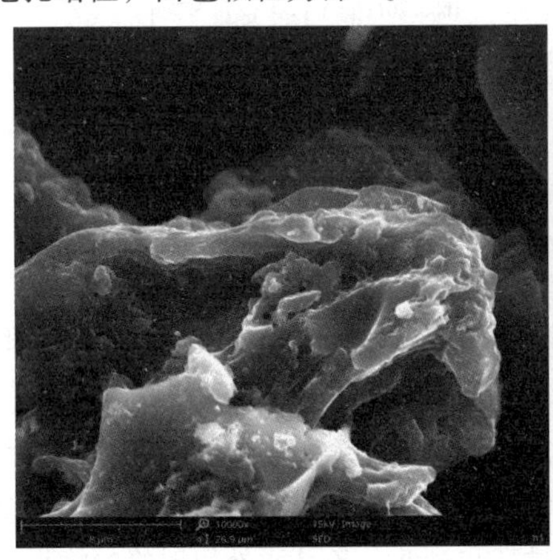

(a) XSBAC 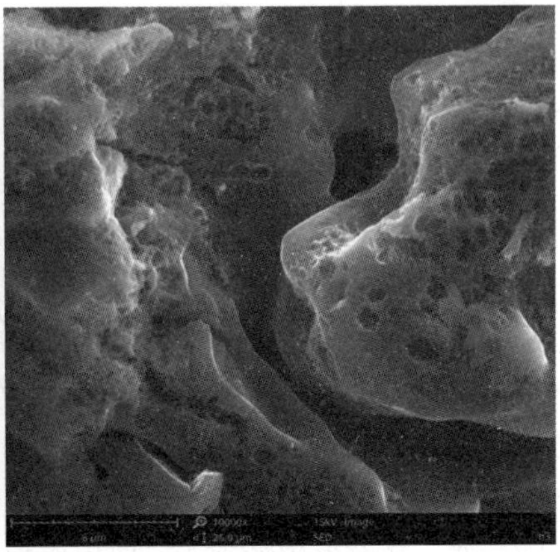　　(b) $Ce(NO_3)_3$/XSBAC

图 7–2　XSBAC 和 $Ce(NO_3)_3$/XSBAC 的扫描电镜图

图 7–3 中曲线 a、b、c 分别代表在煅烧温度为 600 ℃、400 ℃、500 ℃的 $Ce(NO_3)_3$/XSBAC 红外光谱图。由图可知，三种样品的红外谱图在

3 700 ～ 3 200 cm^{-1} 处出现了一系列很强的吸收峰，这几组峰是由于 $Ce(NO_3)_3$/XSBAC 是很强的吸附剂，吸附的 H_2O 分子伸缩引起的。在 3 131.600 5 cm^{-1} 处出现了明显的吸收峰是由于脂肪族的 C—H 化学键伸缩振动所形成的吸收峰，煅烧温度为 500℃时，此处吸收峰明显且峰的伸缩幅度比较大，由此可说明煅烧温度条件为 500℃要优于 400℃和 600℃。在 1 663.201 1 cm^{-1} 处出现的尖峰是非共轭铜、羧基或酯基 C=O 的特征吸收峰，1 407.934 3 cm^{-1} 处出现的峰可能为醚键 C=O 的振动吸收峰[8]。

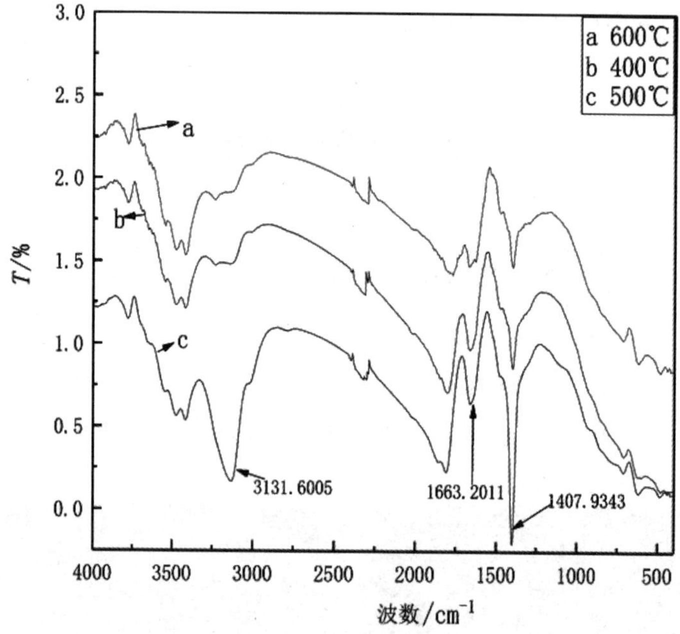

图 7-3　不同煅烧温度的 $Ce(NO_3)_3$/XSBAC 的红外光谱图

图 7-4 中曲线 a、b、c 分别代表在煅烧温度为 500℃、600℃、400℃的 $Ce(NO_3)_3$/XSBACX 射线衍射图。从图 7-4 中可以看出，$Ce(NO_3)_3$/XSBAC 在衍射角 2θ 为 43.805 9°、64.518 9°、73.733 7° 处出现 3 个明显衍射峰，证明铈已经附着在 XSBAC 上。煅烧温度分别为 500℃的衍射曲线衍射峰强度较弱，结晶度较低，晶态组织较少[9]，煅烧温度过高和过低，各晶面处衍射峰的峰形尖锐，结晶度高，而煅烧温度不会改变 $Ce(NO_3)_3$/XSBAC 晶态结构的组成。

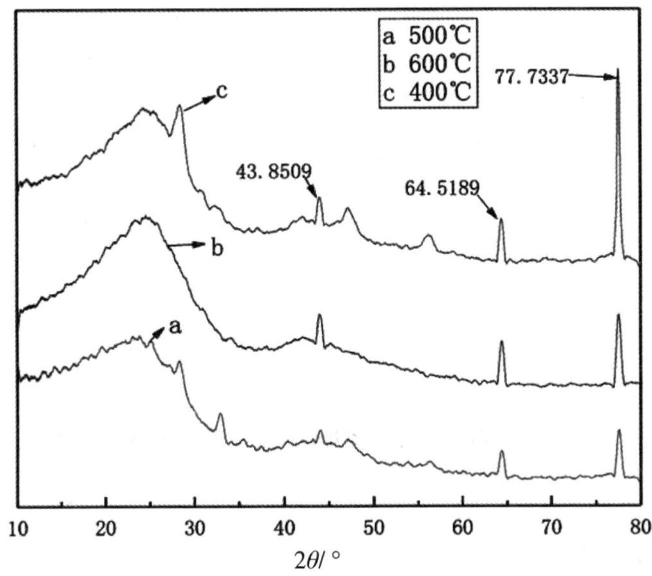

图 7–4　不同煅烧温度的 $Ce(NO_3)_3$/XSBAC 的 X 射线衍射图

7.2.2　吸附时间对 $Ce(NO_3)_3$/XSBAC 吸附 Hg^{2+} 的影响

图 7–5 为 $Ce(NO_3)_3$/XSBAC 对 Hg^{2+} 吸附随时间的变化趋势。由图可知，当吸附时间低于 4 h 时，吸附量会随吸附时间的延长缓慢增加，在 4 h 时吸附量达到最大为 62.32 mg/L，当吸附时间超过 4 h 时吸附量会逐渐减小。这是因为在 1 ～ 4 h 阶段，$Ce(NO_3)_3$/XSBAC 吸附活性位点较多，会大量吸附 Hg^{2+}，随着吸附反应的进行，吸附活性位点逐渐减少[10]，吸附速率减慢，当吸附时间超过 240 min 时，由于 $Ce(NO_3)_3$/XSBAC 的吸附孔洞被填满，所以导致吸附量减小。

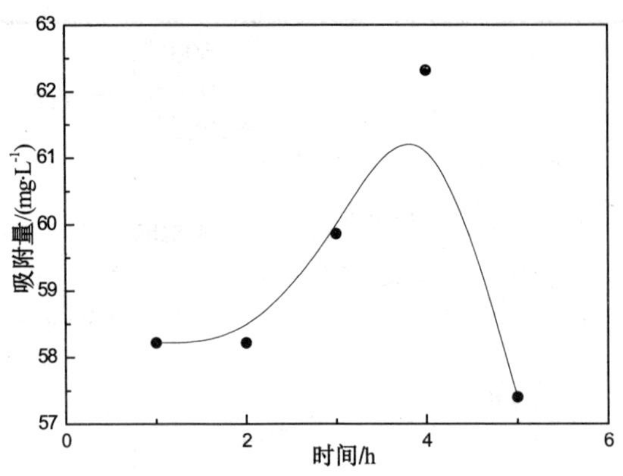

图 7–5　吸附时间对 $Ce(NO_3)_3$/XSBAC 吸附量的影响

7.2.3　pH 的影响

图 7–6 为 $Ce(NO_3)_3$/XSBAC 对 Hg^{2+} 吸附随 pH 的变化趋势。由图可知，当 pH 值在 1 ～ 4 时，吸附量会随 pH 的变大而增加，这是因为 $Ce(NO_3)_3$/XSBAC 放入 Hg^{2+} 溶液中显酸性，释放出大量的 H^+，使 $Ce(NO_3)_3$/XSBAC 带正电，pH 越低，越不利于对 Hg^{2+} 的吸附，当 pH=4 时，吸附量达到最大值为 87.46 mg/L。当 pH 大于 4 时，吸附量呈下降趋势，是因为溶液逐渐显碱性，带负电的 OH^- 逐渐增多与 $Ce(NO_3)_3$/XSBAC 通过静电引力吸附在一起从而导致 $Ce(NO_3)_3$/XSBAC 对 Hg^{2+} 的吸附量下降。

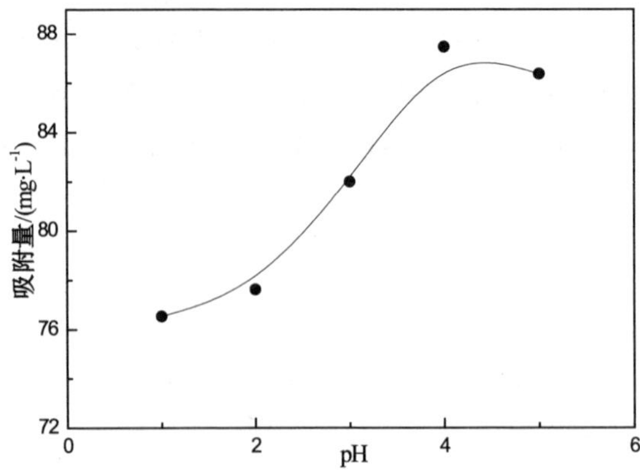

图 7–6　pH 对 $Ce(NO_3)_3$/XSBAC 吸附量的影响

7.2.4　吸附温度的影响

图 7–7 为 $Ce(NO_3)_3$/XSBAC 对 Hg^{2+} 吸附随温度的变化趋势。由图可知，当温度从 25 ℃增加到 30 ℃时，$Ce(NO_3)_3$/XSBAC 对 Hg^{2+} 吸附量从 74.34 mg/L 增加到 76.53 mg/L，增加得不太明显，当温度高于 30℃时吸附量会逐渐减小，出现这种情况的原因是因为此吸附反应为放热反应，当温度升高时会降低其吸附能力，解吸能高于吸附能，Hg^{2+} 比较活跃，在 $Ce(NO_3)_3$/XSBAC 边界层中的传质阻力减弱[11]，导致已吸附的 Hg^{2+} 从 $Ce(NO_3)_3$/XSBAC 表面脱附下来，吸附能力下降。所以最佳吸附温度为 30℃，最大吸附量为 76.53 mg/L。

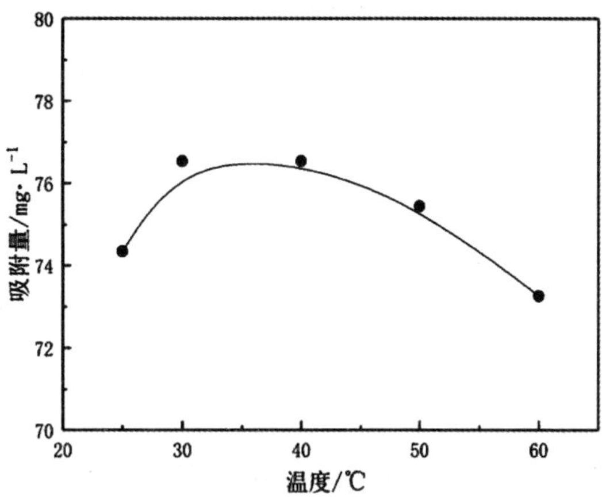

图 7–7　温度对 $Ce(NO_3)_3$/XSBAC 吸附量的影响

7.2.5　Hg^{2+} 溶液初始浓度的影响

图 7–8 为 $Ce(NO_3)_3$/XSBAC 对 Hg^{2+} 吸附随 Hg^{2+} 溶液初始浓度的变化趋势。由图可知，初始浓度从 50 mg/L 增加到 250 mg/L 时，吸附量随着初始浓度的增加而增大，随后吸附量基本保持不变，这是因为单位时间内与 $Ce(NO_3)_3$/XSBAC 接触的 Hg^{2+} 数增加。当 Hg^{2+} 溶液初始浓度超过 250 mg/L 以后，吸附趋于饱和，Hg^{2+} 完全覆盖 $Ce(NO_3)_3$/XSBAC 表面活性位点，不会过多地吸附 Hg^{2+}，吸附量达到最大值为 149.75 mg/L。所以当 Hg^{2+} 的初始浓度达到 250 mg/L 时，吸附量不会再增加而是趋于平衡。

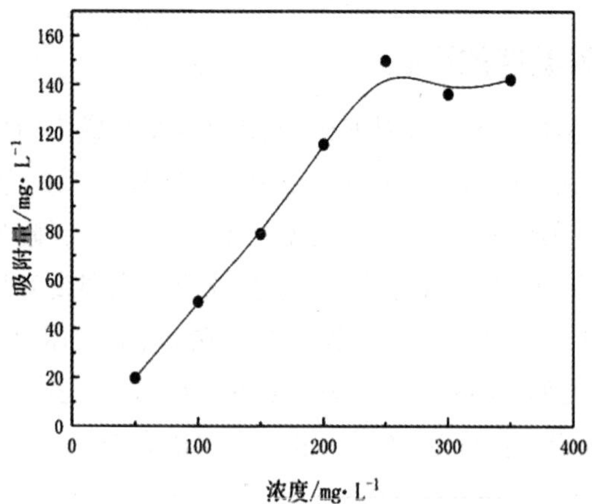

图 7-8 Hg^{2+} 初始浓度对 $Ce(NO_3)_3$/XSBAC 吸附量的影响

7.2.6 吸附动力学

分别用伪一级、伪二级、粒子内扩散动力学模型描述 $Ce(NO_3)_3$/XSBAC 吸附 Hg^{2+} 的速率快慢，通过公式 7-2 ～公式 7-4 对数据进行拟合 [12-13](见图 7-9 ～图 7-10，表 7-1)。

伪一级动力学方程：

$$\ln Q_e - Q_t = \ln Q_e - K_1 t \quad (7\text{-}2)$$

伪二级动力学方程：

$$\frac{t}{Q_t} = \frac{1}{K_2 Q_e^{\ 2}} + (\frac{1}{Q_e})\ t \quad (7\text{-}3)$$

粒子内扩散动力学模型：

$$Q_t = K_i t^{0.5} \quad (7\text{-}4)$$

式中，Q_e 为平衡吸附量，mg · g^{-1}；

Q_t 为某时刻的吸附量，mg · g^{-1}；

K_1 为伪一级动力学模型速率常数，min^{-1}；

K_2 为伪二级动力学模型速率常数，g · $(mg \cdot min)^{-1}$；

K_i 为粒子内扩散速率常数，mg · $(g \cdot min^{0.5})^{-1}$。

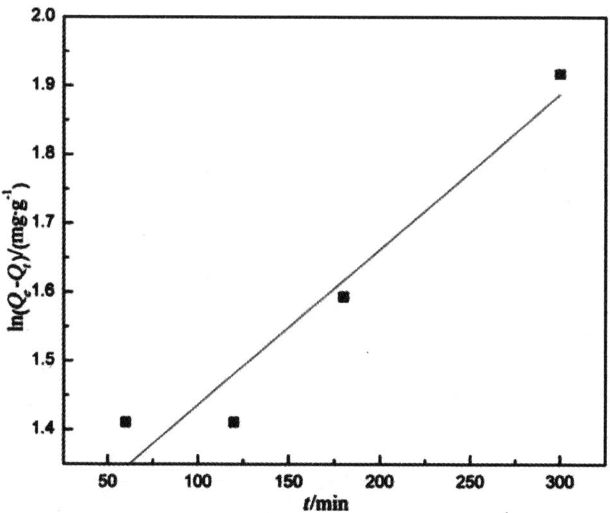

图 7–9　$Ce(NO_3)_3$/XSBAC 吸附 Hg^{2+} 的伪一级动力学方程

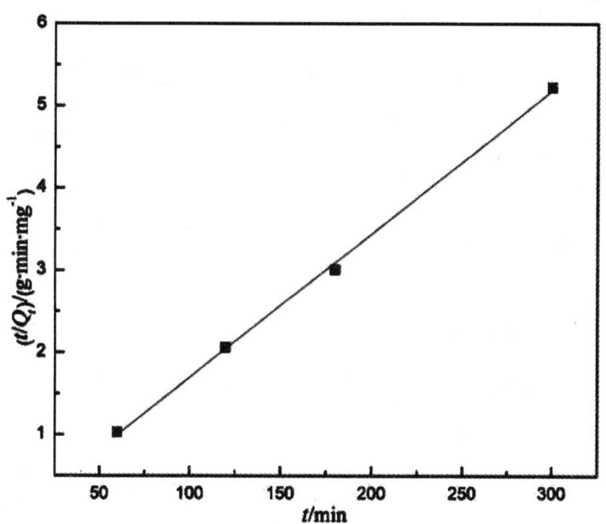

图 7–10　$Ce(NO_3)_3$/XSBAC 吸附 Hg^{2+} 的伪二级动力学方程

由图 7–9 ～图 7–11 和表 7–1 可知，伪二级动力学公式拟合 $Ce(NO_3)_3$/XSBAC 吸附 Hg^{2+} 过程，R^2=0.999 3，R^2 接近 1，高于其他动力学公式，故 $Ce(NO_3)_3$/XSBAC 对 Hg^{2+} 的吸附属于化学吸附，可通过二级动力学公式拟合该过程。证明此吸附属于化学吸附，$Ce(NO_3)_3$/XSBAC 表面的吸附位点决定其吸附速率。

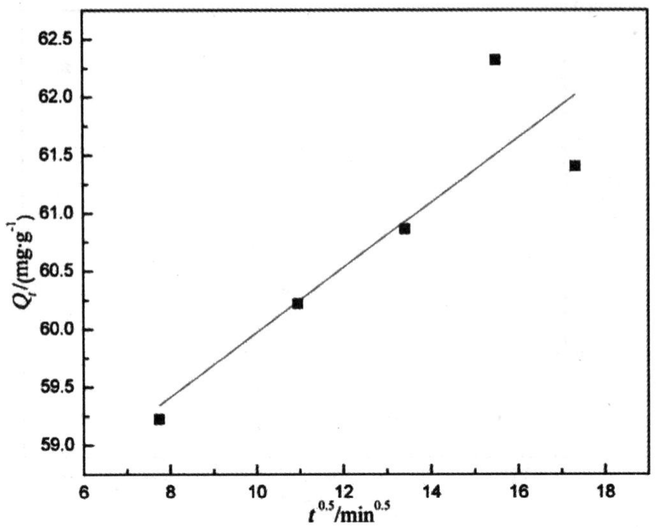

图 7-11 Ce(NO$_3$)$_3$/XSBAC 吸附 Hg^{2+} 的粒子内扩散动力学方程

表 7-1 Ce(NO$_3$)$_3$/XSBAC 吸附 Hg^{2+} 的动力学参数

伪一级动力学			伪二级动力学		粒子内扩散动力学	
Q_e/(mg·g^{-1})	K_1 /min^{-1}	R^2	K_2/[g·(mg·min)$^{-1}$]	R^2	K_i/min^{-1}	R^2
62.32	0.002 2	0.937 9	0.017 45	0.998 9	0.279 39	0.807 28

7.2.7 吸附等温线

分别用以下吸附等温线模型拟合 Ce(NO$_3$)$_3$/XSBAC 吸附 Hg^{2+} 的实验数据[14-15]（见图 7-12～图 7-14，表 7-2）。

Langmuir 吸附等温线：

$$\frac{C_e}{Q_e}=\frac{1}{K_L\times Q_m}+\frac{C_e}{Q_m} \tag{7-5}$$

Freundich 吸附等温线：

$$Q=K_F\times C^{\frac{1}{n}} \tag{7-6}$$

Temkin 吸附等温线：

$$Q_e= \mathrm{R}T\cdot\ln\frac{\alpha_t}{b_t}+\mathrm{R}T\cdot\ln\frac{C_e}{b_t} \tag{7-7}$$

式中，C_e 为液相吸附平衡浓度，mg · L^{-1}；

Q_e 为液相平衡吸附量，mg · g^{-1}；

Q_{max} 为理论最大吸附量 mg · g^{-1}；

K_L 为 Langmuir 常数，L · mg^{-1}；

K_F、n 为常数；

α_t、b_t 分别为 Temkin 等温线常数，L · g^{-1}、J · mol^{-1}。

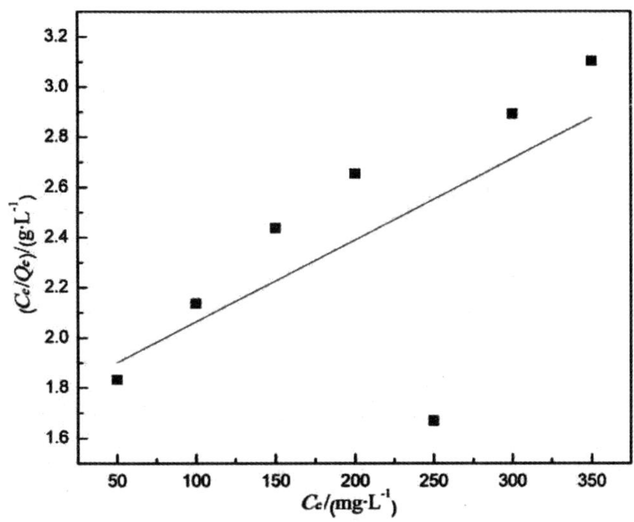

图 7-12　Langmuir 吸附等温线

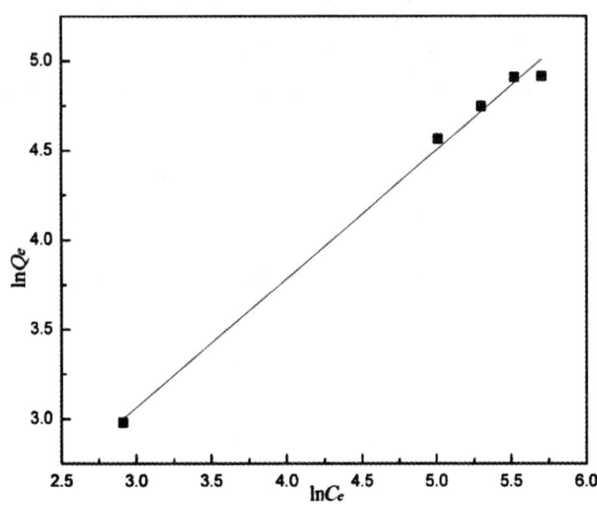

图 7-13　Freundich 吸附等温线

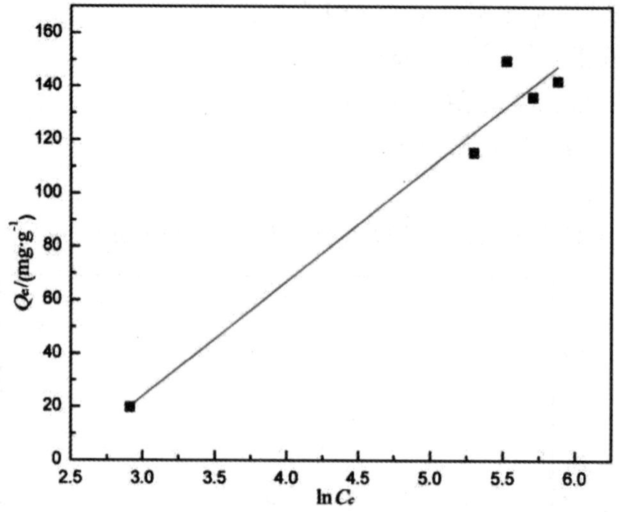

图 7-14　Temkin 吸附等温线

表 7-2　$Ce(NO_3)_3$/XSBAC 吸附 Hg^{2+} 的吸附等温线参数

Langmuir 等温线			Freundlich 等温线			Temkin 等温线		
K_L/(L · mg^{-1})	Q_{max}/(mg · g^{-1})	R^2	K_f	$1/n$	R^2	b_t/(L/g)	a_t/(J/mol)	R^2
0.003 2	149.76	0.428 7	0.719 4	0.906	0.994 6	24.31	0.040 1	0.964 6

图 7-12 ～ 7-14 和表 7-2 可得 Langmuir 吸附、Freundlich 和 Temkin 等温线的线性相关系数 R^2 分别为 0.991 7、0.885 1 和 0.568 1。比较三种吸附等温线的线性相关性及其线性系数 R^2，可以得出 $Ce(NO_3)_3$/XSBAC 对 Hg^{2+} 的吸附更加符合 Freundlich 吸附等温线模型。

7.2.8　吸附热力学参数

$Ce(NO_3)_3$/XSBAC 吸附 Hg^{2+} 热力学参数包括吉布斯自由能（ΔG^o）、熵（ΔS^o）、焓（ΔH^o）分别用 7-8、7-9、7-10 公式计算：

$$\ln K = \frac{\Delta S^\circ}{R} - \frac{\Delta H^\circ}{RT} \tag{7-8}$$

$$\Delta G^\circ = -RT\ln K \tag{7-9}$$

$$K = Q_e / C_e \tag{7-10}$$

式中，ΔG^o 为吉布斯自由能，kJ · mol^{-1}；

ΔH^{o} 为反应焓，$kJ \cdot mol^{-1}$；

ΔS^{o} 为吸附熵，$J \cdot (mol \cdot K)^{-1}$；

T 为吸附温度，K；

R 为理想气体常数，$8.314 \times 10^{-3}\ kJ \cdot (mol/K)^{-1}$。

由表 7-3 得知，$\Delta G^{o}<0$ 说明 $Ce(NO_3)_3$/XSBAC 吸附 Hg^{2+} 的反应是自发进行的，$\Delta H^{o}<0$，说明该反应是个放热反应，表明溶液中的 Hg^{2+} 容易吸附在 $Ce(NO_3)_3$/XSBAC 表面；当 $\Delta S^{o}<0$ 时，说明在吸附过程中，$Ce(NO_3)_3$/XSBAC 和 Hg^{2+} 溶液中的分子无序性呈下降趋势[16]。所以，$Ce(NO_3)_3$/XSBAC 吸附 Hg^{2+} 是自发放热的熵下降的过程。

表 7-3　$Ce(NO_3)_3$/XSBAC 吸附 Hg^{2+} 的热力学参数

T/K	$\Delta G^{o}/(kJ \cdot mol^{-1})$	$\Delta H^{o}/(kJ \cdot mol^{-1})$	$\Delta S^{o}/(kJ \cdot mol^{-1})$
293	−17.298		
303	−16.648		
313	−15.998	−36.343	−0.065
323	−15.348		
333	−14.698		

7.3　结论

（1）根据 $Ce(NO_3)_3$/XSBAC 的 SEM 谱图可知，经双氧水氧化处理后的 XSBAC 表面有利于白色颗粒铈离子的分散，由 XRD 和 FTIR 谱图可知：500℃煅烧制得的 $Ce(NO_3)_3$/XSBAC 含氧官能团数量增多且峰型明显，X 射线衍射峰强度较弱，结晶度较低。

（2）当 Hg^{2+} 溶液初始浓度为 250 mg/L、$Ce(NO_3)_3$/XSBAC 投放质量为 0.03 g、pH 为 4、吸附时间为 240 min、吸附温度为 30℃时，$Ce(NO_3)_3$/XSBAC 对 Hg^{2+} 溶液的吸附量最大为 149.5 mg/g。

（3）$Ce(NO_3)_3$/XSBAC 吸附 Hg^{2+} 试验过程符合伪二级动力学模型和 Freundlich 等温线模型，是一个自发放热熵降低过程。

参考文献

[1] 李自航，王亮梅，李瑛．活性炭的孔结构及粒度对水溶液中汞离子吸附的影响[J]. 水处理技术 2015, 41(11):54–58.

[2] 胡月红．国内外汞污染分布状况研究综述 [J]. 环境保护科学，2008, 34(1):38–40.

[3] 李卫红．有色冶炼重金属废水回收研究 [J]. 工业安全与环境，2002, 28(11):14–17.

[4] 黄鸣荣，高国玉，何晓弟．含汞废水处理方法的研究 [J]. 化学工程设计，2010, 20(2):33–35 .

[5] 刘振，方振华，金鑫，等．核桃壳基活性炭的制备及其对亚甲蓝吸附效果研究[J], 西安文理学院学报，2009, 22(2):81–85.

[6] 吴强，蔡天明，陈立伟．HNO_3 改性活性炭对染料橙黄 G 的吸附研究 [J], 环境工程，2016, 34(2):38–42.

[7] 邓丛静．活性炭改性及对乙烯吸附的研究 [D]. 南京：南京林业大学，2008.

[8] Abatan O G, Oni B A, Agboola O, et al. Production of activated carbon from African star apple seed husks, oil seed and whole seed for wastewater treatment[J]. Journal of Cleaner Production, 2019, 232: 441–450.

[9] 吴坚．载铁活性炭的制备及其吸附染料废水的研究 [D]. 昆明：昆明理工大学，2014.

[10] Zhang X T, Hao Y N, Wang X M, et al. Adsorption of iron(III), cobalt(II), and nickel(II) on activated carbon derived from Xanthoceras Sorbifolia Bunge hull: mechanisms, kinetics and influencing parameters[J].Water science and technology, 2017, 75(8):1849–1861.

[11] Kumar K V, Ramamurthi V, Sivanesan S. Modelling the mechanism involved during the sorption of methylene blue onto fly ash[J]. Journal of Colloid Interface, 2005, 284(1):14–21.

[12] Tan K L, Hameed B H. Insight into the adsorption kinetics models for the removal of contaminants from aqueous solutions[J]. Journal of the Taiwan Institute of Chemical Engineers, 2017, 74:25–48.

[13] 王锐刚，陈航锋．甘蔗废渣吸附废水中的铬离子的研究 [J]. 水处理技术，2017, 43(11):77–79.

[14] Bogusz A, Oleszczuk P, Dobrowolski R. Application of laboratory prepared and

commercially available biochars to adsorption of cadmium, copper and zinc ions from water[J]. Bioresource Technology, 2015, 196:540–549.

[15] 曾云嵘，张卫民，王惠东，等. 石英砂负载羟基磷灰石去除水溶液中锰研究[J]. 水处理技术，2017, 43(5):72–75.

[16] Fu J, Chen Z, Wang M, et al. Adsorption of methylene blue by a high-efficiency adsorbent (polydopamine microspheres): kinetics, isotherm, thermodynamics and mechanism analysis[J]. Chemical Engineering Journal, 2015, 259:53–61.

第 8 章　纳米 Fe_3O_4 颗粒磁化文冠果活性炭对 Hg^{2+} 的吸附

当前，吸附法常适用于各类含重金属离子的废水，并对难降解的污染物和难处理的剧毒也有明显的处理效果[1]。吸附法主要包括物理吸附法、接触稳定法和多孔性树脂吸附法[2]，活性炭的吸附就是物理吸附法。活性炭在重金属废水 (Hg^{2+}、Pb^{2+}、Zn^{2+}、Cu^{2+} 等) 处理中的良好效果 , 更为人们进行深入的研究提供了参考价值。因此，活性炭吸附是一种有效的重金属废水处理方法[3]。活性炭是由煤炭、石油焦和果壳等作为原材料通过各种方法制成的一种结构是多孔性的具有优良吸附能力的碳吸附剂，它耐高压，高温，呈电中性[4]，所以可以在各种复杂环境下使用。使用后容易再生，具有二次恢复吸附能力，并且经过处理后的活性炭的孔结构（孔径及分布、孔形状）和比表面积得到改变[5]。又因为其表面含氧官能团具有两性性质，使其具有酸碱缓冲能力，在国内外具有非常广泛的应用[6]。

化学活化方法是常用的活性炭制备方法，即将原料与化学试剂均匀混合，在一定温度下 , 原料在化学试剂的作用下发生一系列化学反应，形成多孔碳材料[7]，主要有氯化锌活化法[8]、氢氧化钾活化法[9]、碳酸钾活化法、磷酸活化法[10]、氢氧化钠活化法[11]等。通过化学活化法制得的活性炭由于自身质量较轻、吸附后固液难以分离、容易流失等缺点，因此，研究人员致力于提高活性炭的再生性。磁性分离是重要的解决方法，研制磁性活性炭最初的目的是为了提取矿浆中的黄金，但是，经过这几十年的发展，人们发现其在染料脱色、有机物吸附、重金属离子去除和化工催化等方面也能有极其明显的效果。目前，磁性活性炭制备技术发展较为成熟，主要有化学共沉淀法[12]，即在 Fe^{2+} 和 Fe^{3+} 溶液中，加入沉淀剂 NaOH，磁力搅拌，煅烧制备磁性活性炭；活性炭负载纳米铁的方法[13]，即活性炭负载纳米铁颗粒；水热法[20]，即将制备好的微孔活性炭和 $Fe(NO_3)_3 \cdot 9H_2O$ 均匀混合，然后在一定功率的条件下通过加热得到表面经磁性改性后的微孔活性炭[14]。上述 3 种方法在一定程度上提升了磁性活性炭的再生性能和分离效果，但都是采用先活化制备活性炭，再进行磁化两步工艺，每步工艺都要进行水洗涤，因此，存在水污染、洗涤工艺烦琐、试剂成本和能耗增加等问题。此外，随着绿色可持续发展理念的普及，虽然制备活性炭的材料几乎随处可见，多种多样，但是根据我国的林业资源和现实地理环境状况等条件的制约，现在人们把原材料选择的目标放在废纸、木屑、果壳等废弃物上，一方面可以废物循环利用，另一方面可以减少对环境的污染。

本文选用文冠果制备生物柴油产生的废弃文冠果壳为原料 $ZnCl_2$ 活化制得文冠果活性炭，不用进行洗涤，直接将活性炭放入水中，调至固液体系为中性，添加纳米 Fe_3O_4 颗粒，分散搅拌抽滤后得到 Fe_3O_4/XSBAC，减少了制备活性炭和 Fe_3O_4/XSBAC 过程中的反复洗涤过程，研究磁性文冠果活性炭的结构、孔径和比表面积；考察 Hg^{2+} 溶液初始浓度、pH、时间及温度对吸附量的影响，优选出的最佳吸附工艺条件；对吸附等温线及动力学方程进行拟合，探讨吸附机理，为处理废水中 Hg^{2+} 提供一种高效并易分离的吸附剂，并为其实际应用提供理论依据。

8.1　实验部分

8.1.1　材料、试剂与仪器

文冠果（内蒙古通辽市）；纳米 Fe_3O_4、三羟甲基氨基甲烷、溴甲酚绿均为分析纯，均购自上海麦克林生化科技有限公司。

STARTER3100 型 pH 测定仪，上海奥豪斯仪器有限公司；DZF-6210 型真空干燥箱，江苏省金坛市精达仪器制造有限公司；BT-50 型超声波分散器，丹东百特仪器有限公司；HJ-6A 型磁力加热搅拌器，常州国华仪器有限公司；BEL-mini Ⅱ型物理吸附仪，日本麦奇克拜尔有限公司；SHB-Ⅲ型箱式电阻炉，上海仪恒设备有限公司；BZN-1.5 型制氮机，杭州市博达华工科技发展有限公司；XRD-6000 型 X 射线分析仪，日本岛津公司；Tensor27 型傅里叶变换红外光谱仪，德国布鲁克光谱仪器公司；PHENOM 型台式扫描电镜，荷兰复纳科学仪器有限公司。

8.1.2　磁性文冠果活性炭（Fe_3O_4/XSBAC）的制备

取 20 g 干燥后的粒径为 0.25 mm 的文冠果活性炭放入水中，调至中性后，加入适量纳米 Fe_3O_4 颗粒在超声波分散仪中超声分散 2 h，混合后用磁力搅拌器在 60 ℃下搅拌 3 h；抽滤后得到 pH 为中性的 Fe_3O_4/XSBAC，将得到的 Fe_3O_4/XSBAC 放置在温度为 120 ℃的干燥箱内干燥 12 h，密封保存。

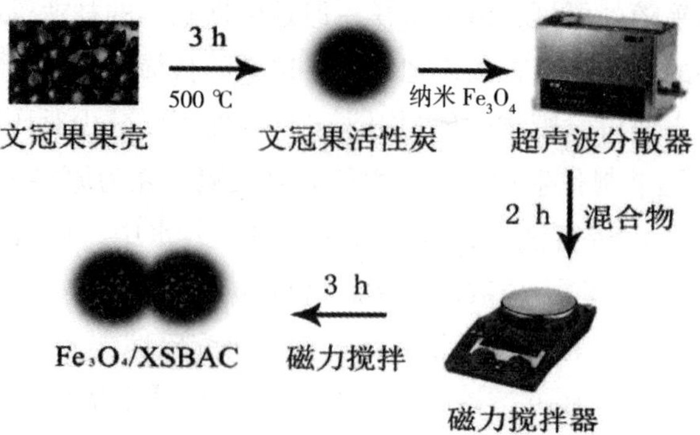

图 8–1 磁性文冠果活性炭 Fe_3O_4/XSBAC 的制备工艺图

8.1.3 Hg^{2+} 溶液标线

用锥形瓶量取 20 mL 已知浓度（10 mg/L、20 mg/L、30 mg/L、40 mg/L、50 mg/L）的 $HgCl_2$ 溶液，放入振速为 120 r/min 的水浴恒温振荡器中，振荡 30 min，再加入 2 mL 缓冲液（三羟甲基氨基甲烷 –HCl 溶液）和 2 mL 溴甲酚绿，使用紫外分光光度计对其进行测量，最后得到汞离子的吸附标准曲线。

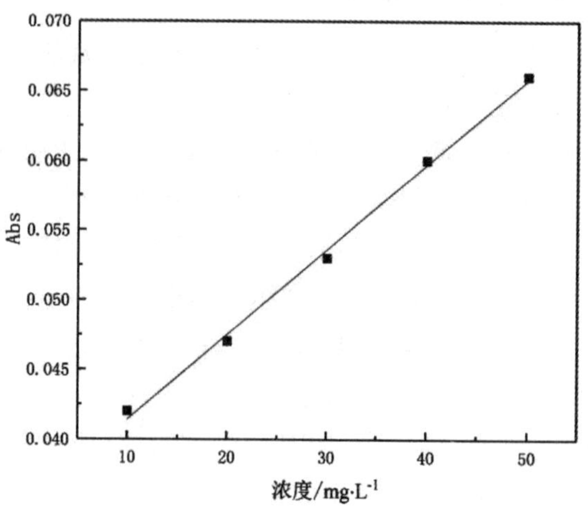

图 8–2 汞离子标准曲线

$$Y=0.006\,1X+0.035\,3 \tag{8–1}$$

式中，Y 为吸光度；

X 为吸附达到平衡后 Hg^{2+} 溶液的浓度，mg/L；

R^2 为拟合系数，0.997 1。

8.1.4　XSBAC 和 Fe_3O_4/XSBAC 的表征

采用 Tensor27 傅里叶变换红外光谱分析仪分析波长在 4 000 ～ 400 cm^{-1} 的吸收峰归属，分辨率为 4 cm^{-1}；利用 XRD-6000 型 X 射线分析仪对 XSBAC 和 Fe_3O_4/XSBAC 进行物相表征，具体条件为：扫描范围为 10° ～ 80°，扫描速度为 4°/min；利用 PHENOM 型台式扫描电镜对喷金后的 XSBAC 和 Fe_3O_4/XSBAC 的微观形貌进行观察，加速电压 5 kV，电流 10 mA；利用 BEL-mini Ⅱ型物理吸附仪对 XSBAC 和 Fe_3O_4/XSBAC 的比表面积和孔结构的测定，在 -196℃液氮温度条件下 N_2 脱吸附法 BET 公式计算 XSBAC 和 Fe_3O_4/XSBAC 比表面积和孔径分布。

8.1.5　Fe_3O_4/XSBAC 吸附 Hg^{2+} 试验

用锥形瓶量取 20 mL 已知浓度的 $HgCl_2$ 溶液，并准确称量 0.05 g 的 Fe_3O_4/XSBAC 加入溶液中，放入振速为 120 r/min 的水浴恒温振荡器中，用 Fe_3O_4/XSBAC 吸附在不同初始浓度（50 mg/L、100 mg/L、150 mg/L、200 mg/L、250 mg/L）、pH（3、5、7、9、11）、吸附时间 (60 min、120 min、180 min、240 min、300 min) 和吸附温度（20 ℃、30 ℃、40 ℃、50 ℃、60 ℃）的 Hg^{2+} 溶液。吸附结束后用离心机离心分离，再在 50 mL 容量瓶中移取 5 mL 上清液，加入蒸馏水稀释 10 倍，再移取 20 mL 稀释后的液体于试管中，分别量取 2 mL 缓冲液（三羟甲基氨基甲烷 -HCl 溶液）和 2 mL 溴甲酚绿，加入到试管中，最后用紫外分光光度计进行测量，按公式（8-2）可以计算得到其吸附量 Q(mg/g)；按公式（8-3）可以计算得到其去除率[15-16]。

$$Q=\frac{(C_0-C_e)\times V}{m} \tag{8-2}$$

式中，Q 为吸附量，mg/g；

C_0 为吸附前 Hg^{2+} 溶液的初始浓度，mg/L；

C_e 为吸附达到平衡后 Hg^{2+} 溶液的浓度，mg/L；

V 为 Hg^{2+} 溶液的体积，mL；

m 为 Fe_3O_4/XSBAC 的质量，mg。

$$P=\frac{C_0-C_e}{C_0}\times 100\% \tag{8-3}$$

式中，P 为去除率，%；

C_0 为吸附前 Hg^{2+} 溶液的初始浓度，mg/L；

C_e 为吸附达到平衡后 Hg^{2+} 溶液的浓度，mg/L。

8.2 结果与讨论

8.2.1 Fe_3O_4/XSBAC 的表征

图 8-3 是文冠果活性炭 XSBAC 和磁性文冠果活性炭 Fe_3O_4/XSBAC 的 FTIR 谱图，Fe_3O_4/XSBAC 与 XSBAC 最大的差别在于 Fe_3O_4/XSBAC 表面负载了数量较多的磁性 Fe_3O_4 颗粒。在 3 680 cm^{-1}、3 400 cm^{-1} 处的吸收峰为—OH 的伸缩振动峰；在 173 5 cm^{-1} 处的吸收峰为 C=O 特征吸收峰，这表明 Fe_3O_4/XSBAC 与 XSBAC 表面均具有一定量的含氧官能团。与 XSBAC 的 FTIR 图相比，Fe_3O_4/XSBAC 的 FTIR 图在 489 cm^{-1} 处出现了新的吸收峰，这个吸收峰为四氧化三铁晶体四面体点位的 Fe—O 伸缩振动峰[17]，这说明 Fe_3O_4 成功地负载到 Fe_3O_4/XSBAC 表面，得到磁性文冠果活性炭 Fe_3O_4/XSBAC。

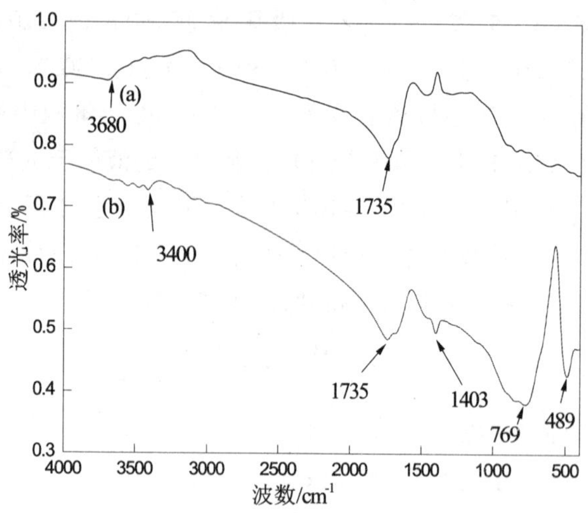

图 8-3 (a) XSBAC 和 (b) Fe_3O_4/XSBAC 的红外光谱图

图 8-4 是 XSBAC 和 Fe_3O_4/XSBAC 的 XRD 谱图。由图 8-4 可见，XSBAC 在 2θ=25° 左右范围内有一个比较明显的衍射峰，这是其在 (002) 晶面的衍射特征峰，而在其经过磁化处理后峰的强度降低，使微晶结构的混乱程度大大加剧。Fe_3O_4/XSBAC 在 30.2°、35.7°、43.0°、57.2° 和 62.5° 处的峰分别是其在（200）、（311）、（400）、（511）和（440）晶面的衍射特征峰[18]，与 Fe_3O_4 的 X 射线衍射标准卡 JCPDS 的图谱特征峰一致，Fe_3O_4 不同的晶面可以用这些衍射特征峰来表示，证明了纳米颗粒 Fe_3O_4 负载在了 XSBAC 的表面。磁化前后文冠果活性炭的结晶度分别为 15.55% 和 41.47%，说明磁化大大提高了结晶度。

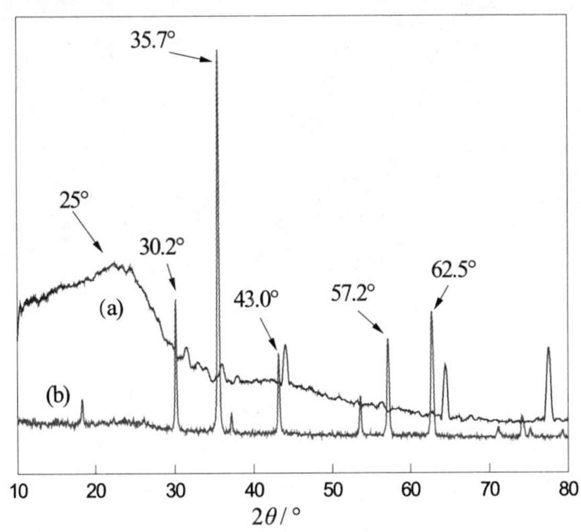

图 8-4　(a) XSBAC 和 (b) Fe_3O_4/XSBAC 的 XRD 光谱图

图 8-5 中（a）、（b）分别是文冠果活性炭在 5 000× 、10 000× 下的的扫描电镜图，（c）、（d）、（e）、（f）分别是 Fe_3O_4/XSBAC 在 5 000× 、10 000× 、30 000× 、50 000× 下的扫描电镜图。由图 8-5 中（a）、（b）可以看出，文冠果活性炭呈团状的多微孔特征，内部结构较为疏松，表面光滑，有利于纳米 Fe_3O_4 颗粒进入疏松结构的里面[19]，为吸附 Hg^{2+} 提供条件。由图 8-5 中（c）、（d）、（e）、（f）可以看出，纳米 Fe_3O_4 颗粒充分地附着于文冠果活性炭的表面，呈现团聚现象。

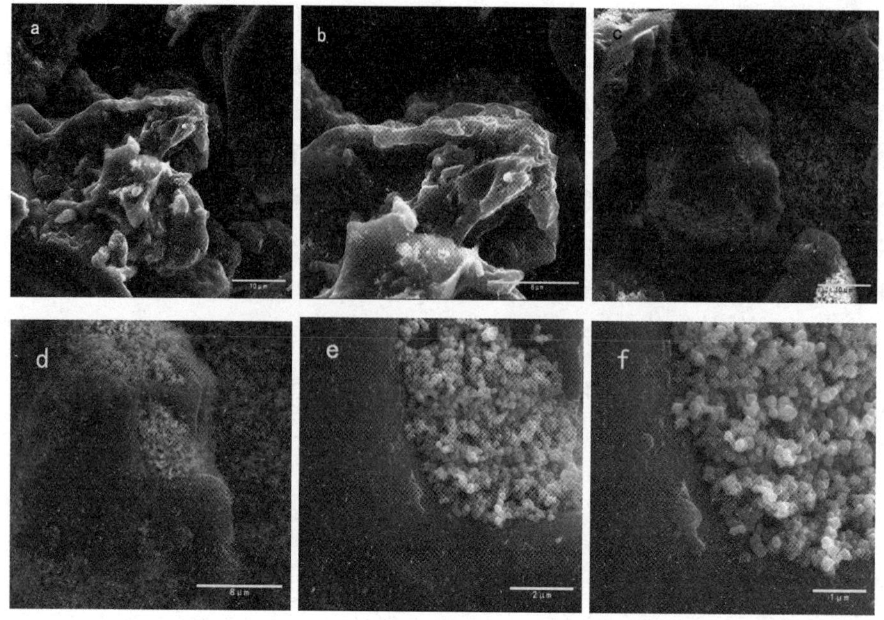

图 8-5 (a、b) XSBAC 和 (c ～ f) Fe_3O_4/XSBAC 的 SEM 图片

图 8-6 是 Fe_3O_4/XSBAC 和 XSBAC 的比表面积孔径分析。用 N_2 作为吸附介质在 27℃下进行氮吸附测量，根据 IUPAC 划分，Fe_3O_4/XSBAC 和 XSBAC 吸附曲线是 I 型吸附等温线。由图 8-6 可以得出：相对压力（P/P_0）从 0.05 左右开始，Fe_3O_4/XSBAC 和 XSBAC 的吸附量一直在上升，且上升的趋势比较明显，这是因为孔隙丰富引起微孔吸附和快速填充；相对压力达到 0.3 ～ 0.9 之间吸附量缓慢增加，这说明含有丰富的中孔结构；相对压力在 0.9 以上，吸附量快速增加，这是由于大孔的毛细凝聚而发生大孔填充[20]。依据 BET 计算，XSBAC 和 Fe_3O_4/XSBAC 的比表面积分别是 1 258.6m²/g 和 1 119.5m²/g，Fe_3O_4/XSBAC 的比表面积比 XSBAC 降低了 139.1 m²/g，XSBAC 具有一定的微孔和中孔结构，而 Fe_3O_4/XSBAC 中孔发达，10 ～ 20 nm 内孔容积最大，微孔孔径由 0.775 3 nm 下降到 0.668 4 nm，说明磁化后的 XSBAC 部分微孔结构被纳米 Fe_3O_4 负载，起到主要吸附作用的中孔结构变化不大。

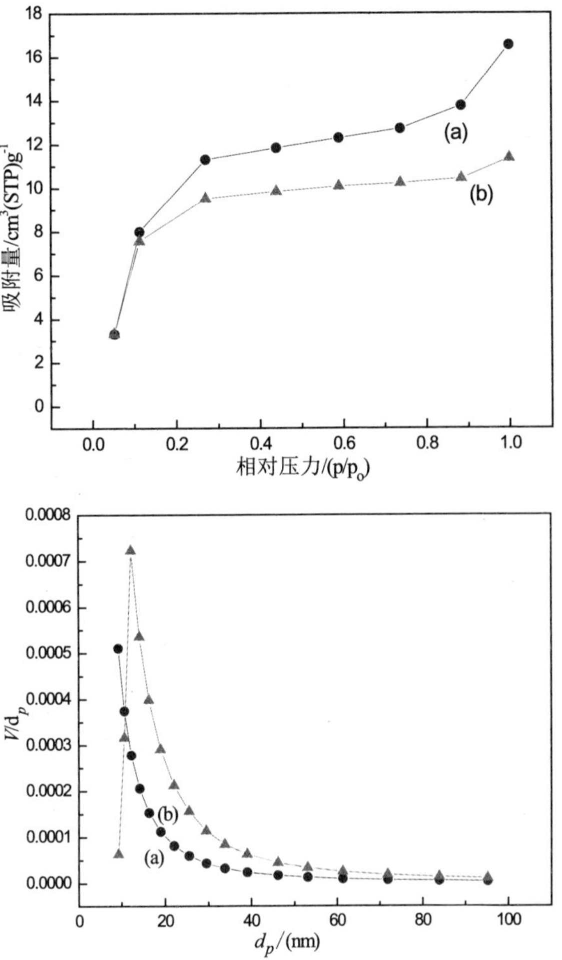

图 8-6　Fe_3O_4/XSBAC 和 XSBAC 的 N_2 吸附 – 脱附等温线及孔径分布

8.2.2　Hg^{2+} 溶液初始浓度的影响

图 8-7 中（a）、（b）分别表示 XSBAC 对 Hg^{2+} 吸附量和去除率，（c）、（d）分别表示 Fe_3O_4/XSBAC 对 Hg^{2+} 吸附量和去除率。如图 8-7 所示：在 50 ～ 250 mg/L 随着溶液浓度的增加曲线呈现上升趋势，XSBAC 以及 Fe_3O_4/XSBAC 对 Hg^{2+} 的吸附量逐渐增加。当 Hg^{2+} 溶液的初始浓度达到 250 mg/L 时吸附量达到最大，最大值分别为 96.413 mg/g 和 97.069 mg/g。当 Hg^{2+} 溶液的初始浓度超过 250 mg/L 时曲线趋于平缓，吸附量几乎不增加；在 50 ～ 100 mg/L 随着溶液浓度的增加曲线呈下降趋势，XSBAC 及 Fe_3O_4/XSBAC 对 Hg^{2+} 的去除率

逐渐下降。在 100 ～ 200 mg/L 随着溶液浓度的增加曲线呈上升趋势，XSBAC 及 Fe_3O_4/XSBAC 对 Hg^{2+} 去除率增加。当 Hg^{2+} 溶液的初始浓度达到 250 mg/L 时去除率最大，最大值分别为 97.98% 和 97.07%。当溶液的初始浓度超过 250 mg/L 时曲线逐渐下降，去除率缓慢减少。

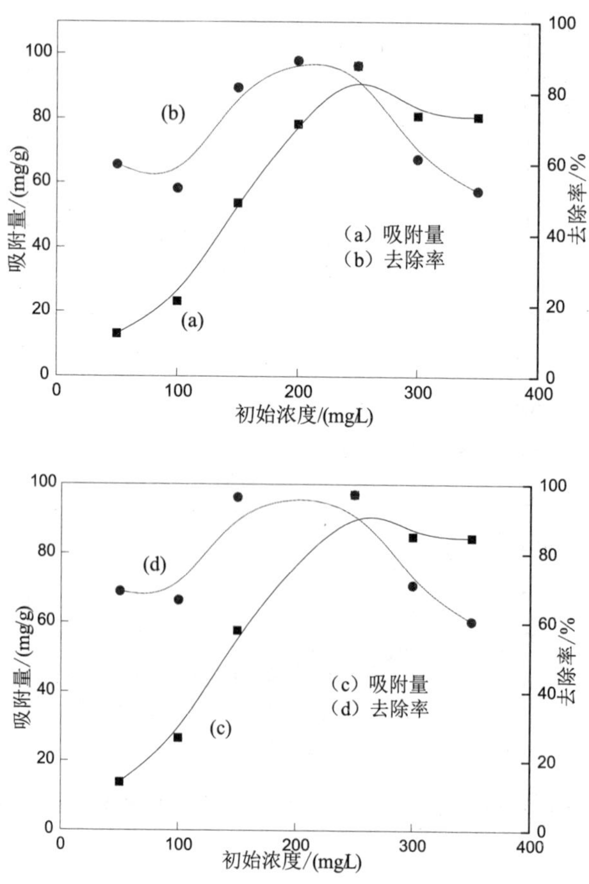

图 8-7　Hg^{2+} 溶液的初始浓度对吸附和去除 Hg^{2+} 的影响

从图 8-7 中可以看出，初始浓度从 50 mg/L 增加到 350 mg/L，XSBAC 和 Fe_3O_4/XSBAC 对 Hg^{2+} 的吸附量先是增加后趋于平衡，而去除率也是先增加后降低，XSBAC 先是从 65.67% 升高至 97.98%，再降低至 57.63%；Fe_3O_4/XSBAC 先是从 68.95% 升高至 97.07%，再降低至 60.44%。经过分析，在 XSBAC 及 Fe_3O_4/XSBAC 投加量一定的条件下，所能提供的活性点位数目有限 [21]，一旦超过最大吸附活性点数目，XSBAC 及 Fe_3O_4/XSBAC 就不会再进行吸附或吸附效果就会变差。当 Hg^{2+} 的初始浓度超过最大活性点数目时，Hg^{2+} 与 XSBAC 及

Fe_3O_4/XSBAC 表面吸附活化点位结合的成功性就会下降，吸附效果下降，所以其吸附量和去除率就会下降。

8.2.3　Hg^{2+} 溶液的 pH 的影响

图 8-8 中（a）、（b）分别表示 XSBAC 对 Hg^{2+} 吸附量和去除率，（c）、（d）分别表示 Fe_3O_4/XSBAC 对 Hg^{2+} 吸附量和去除率。图 8-8 显示了在 Hg^{2+} 溶液初始浓度为 200 mg/L、吸附时间为 180 min、吸附温度为 30℃、XSBAC 及 Fe_3O_4/XSBAC 为 0.05 g 的条件下，pH 对 Hg^{2+} 溶液吸附性能和去除性能的影响，XSBAC 以及 Fe_3O_4/XSBAC 对 Hg^{2+} 的吸附量在 1 ～ 2 呈逐渐上升趋势，在 pH=2 时吸附量达到最大，分别为 77.725 mg/g 和 79.69 mg/g。继续增大 pH=11 时，吸附量曲线呈现下降趋势。XSBAC 及 Fe_3O_4/XSBAC 的去除率在 pH1 ～ 2 呈上升趋势，在 pH=2 时去除率达到最大，分别为 97.16% 和 99.61%，继续增大 pH=11 时，去除率曲线呈下降趋势。这是因为 XSBAC 及 Fe_3O_4/XSBAC 的功能基团（羟基和羧基）在 pH1 ～ 2 时就会开始释放氢离子并且达到去质子化[22]，带负电荷的位点越来越多，促进了 Hg^{2+} 的吸附，在 pH=2 时吸附得最好，当 pH 高于 2 时水解和聚合物大大增加，因此，Hg^{2+} 的吸附量和去除率下降。

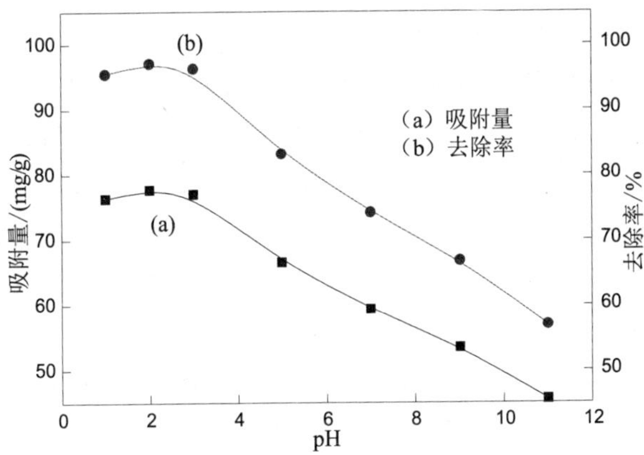

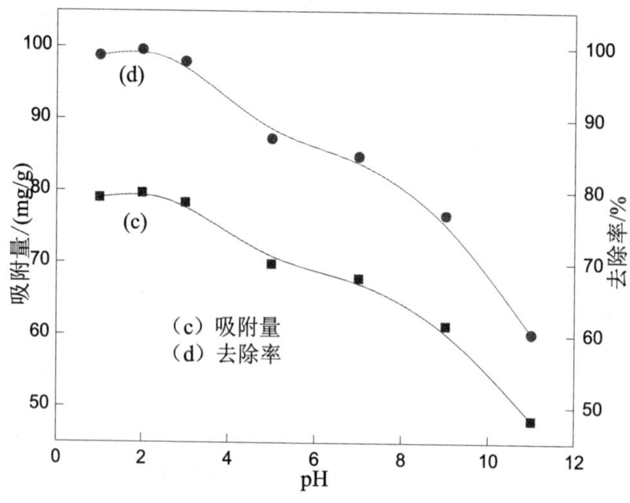

图 8–8　pH 对吸附和去除 Hg^{2+} 的影响

8.2.4　吸附温度的影响

图 8–9 中（a）、（b）分别表示 XSBAC 对 Hg^{2+} 吸附量和去除率，（c）、（d）分别表示 Fe_3O_4/XSBAC 对 Hg^{2+} 吸附量和去除率。由图 8–9（a）、（b）曲线可见：当 Hg^{2+} 初始浓度为 200 mg/L、pH 为 2、时间为 180 min、XSBAC 为 0.05 g、温度自 20℃升至 30℃时，吸附量从 68.544 mg/g 增加到 72.479 mg/g；当温度继续升高时，吸附量就会随着温度的升高而慢慢下降。这是由于 XSBAC 吸附 Hg^{2+} 时是放热反应，因此，升高温度会降低 XSBAC 表面吸附的能力，吸附温度超过 30℃时吸附量会下降，因此，XSBAC 吸附 Hg^{2+} 的最佳温度为 30℃。温度从 20℃升高至 30℃时，XSBAC 的去除率从 85.68% 升高到 90.60%，当温度继续升高时去除率就会随着温度的升高而慢慢下降。这是由于 XSBAC 吸附 Hg^{2+} 时是放热反应，因此，升高温度会降低 XSBAC 的去除能力。

由图 8–9（c）、（d）曲线可见，当 Hg^{2+} 初始浓度为 200 mg/L、pH 为 2、时间为 180 min、Fe_3O_4/XSBAC 为 0.05 g 时，温度自 20℃升至 30℃时，吸附量从 70.511 mg/g 增至 74.446 mg/g，温度继续升高，吸附量慢慢下降。因为 Fe_3O_4/XSBAC 吸附 Hg^{2+} 是放热反应，所以升高温度会降低其吸附能力。当温度高于 30℃时，吸附量下降，因此，Fe_3O_4/XSBAC 吸附 Hg^{2+} 的最佳温度为 30℃。温度自 20℃升至 30℃时，Fe_3O_4/XSBAC 的去除率从 88.14% 升高到 93.06%，温度继续升高，去除率随着温度的升高而慢慢下降。这是因为 Fe_3O_4/XSBAC 吸附 Hg^{2+} 是放热反应，所以升高温度会降低文冠果活性炭去除的能力。

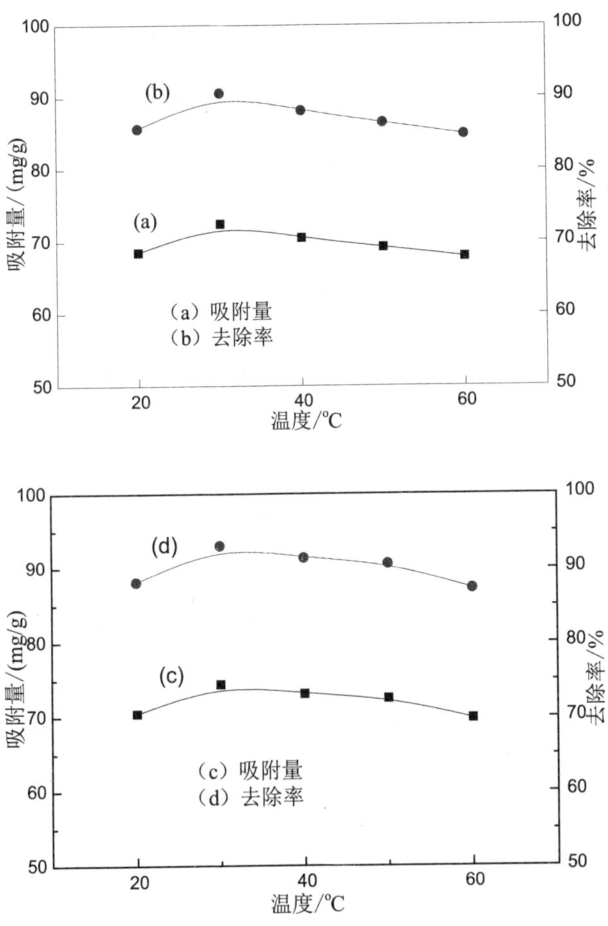

图 8-9　温度 pH 对吸附和去除 Hg^{2+} 的影响

8.2.5　吸附时间的影响

图 8-10 中（a）、（b）分别表示 XSBAC 对 Hg^{2+} 吸附量和去除率，（c）、（d）分别表示 Fe_3O_4/XSBAC 对 Hg^{2+} 的吸附量和去除率。由图 8-10（a）、（b）曲线可见，当 Hg^{2+} 初始浓度为 200 mg/L、pH=2、时间为 180 min、XSBAC 为 0.05 g 时，XSBAC 的吸附量和去除率随时间的延长呈先缓慢上升后逐渐减小的趋势，当吸附时间为 300 min，最大吸附量为 63.954 mg/g，最大去除率为 79.94%。由图 8-10（c）、（d）曲线可见，在 Hg^{2+} 初始浓度为 200 mg/L、pH 为 2、时间为 180 min、Fe_3O_4/XSBAC 为 0.05 g 的条件下，Fe_3O_4/XSBAC 的吸附量和去除率在 60 min 至 180 min 这段时间里随时间的增长而逐渐增大，在 180 min 到

300 min 这段时间里达到平衡，吸附量和去除率几乎持续减小。由此得到其最佳吸附时间为 180 min，最大吸附量为 65.921 mg/g，最大去除率为 82.10%。

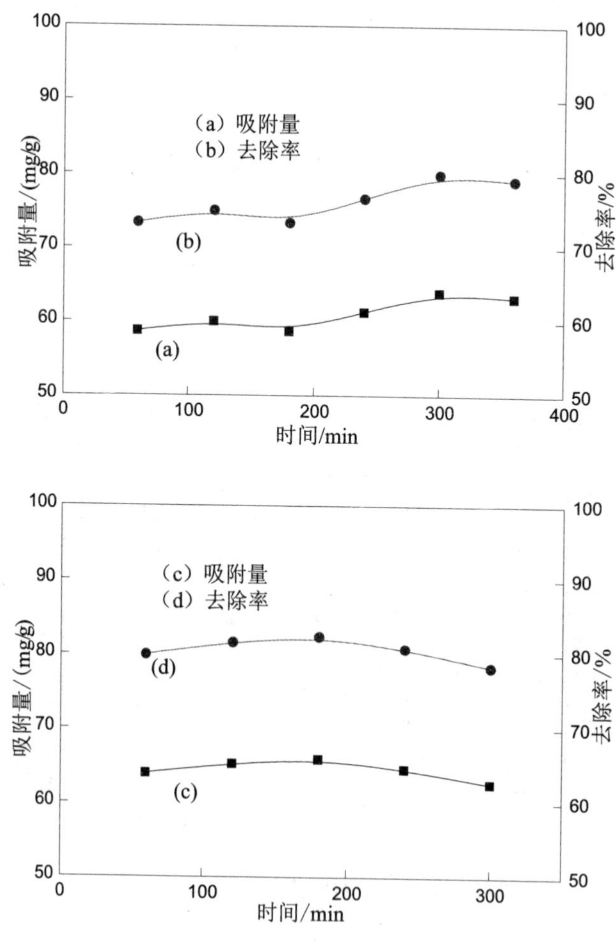

图 8-10　时间对吸附和去除 Hg^{2+} 的影响

从图 8-10 中可以看出：XSBAC 及 Fe_3O_4/XSBAC 对 Hg^{2+} 的吸附效果随着吸附时间的延长呈逐渐上升趋势。Fe_3O_4/XSBAC 吸附 Hg^{2+} 溶液 60 min 至 180 min 时，溶液中 Hg^{2+} 的浓度较大，Fe_3O_4/XSBAC 表面的活性吸附位点较多，吸附传质动力大，所以吸附速率较快；吸附 180 min 时，去除率和吸附量最高可分别达到 82.40% 和 65.921 mg/g，Fe_3O_4/XSBAC 表面活性吸附位点逐渐达到饱和。随着吸附时间的进一步延长，Fe_3O_4/XSBAC 对 Hg^{2+} 溶液的去除率和吸附量开始逐渐减少，Hg^{2+} 进一步向 Fe_3O_4/XSBAC 里面扩散，再加上该过程的扩散阻力较大，所以吸附速度明显减慢。当吸附时间超过 180 min 时，Fe_3O_4/

XSBAC 对 Hg^{2+} 的吸附效率达到动态平衡，所以 Fe_3O_4/XSBAC 对 Hg^{2+} 溶液的去除率和吸附量就不会再增加了。

8.2.6　吸附动力学

分别用伪一级、伪二级、粒子内扩散动力学方程 [23-25] 描述 Fe_3O_4/XSBAC 吸附 Hg^{2+} 的速率快慢，通过模型对数据进行拟合，研究其吸附机理。

伪一级动力学方程如下，方程图像如图 8-11 所示。

$$\lg Q_e - Q_t = \lg Q_e - \left(\frac{K_1}{2.303}\right) t \tag{8-4}$$

伪二级动力学方程如下，方程图像如图 8-12 所示。

$$\frac{t}{Q_t} = \frac{1}{K_2 Q_e^{\ 2}} + \left(\frac{1}{Q_e}\right) t \tag{8-5}$$

粒子内扩散动力学方程如下，方程图像如图 8-13 所示。

$$Q_t = K_i t^{0.5} \tag{8-6}$$

式中，Q_t 为 t 时刻吸附量，mg/g；

Q_e 为平衡吸附量，mg/g；

K_1 为一级动力学速率常数，min^{-1}；

K_2 为二级动力学模型速率常数，g/(mg · min)；

K_i 为粒子内扩散速率常数，mg/(g · $min^{0.5}$)。

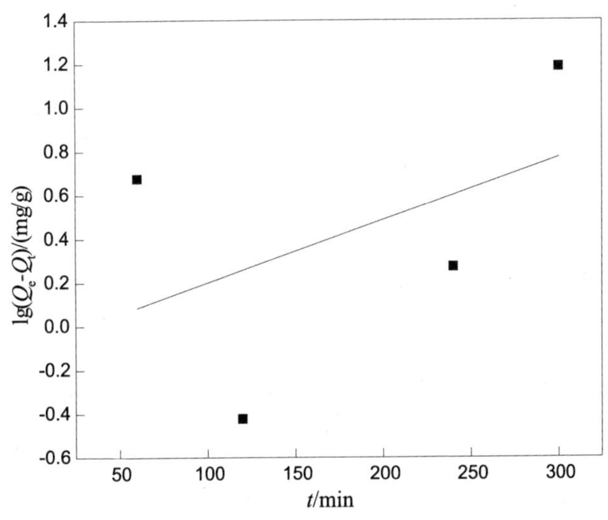

图 8-11　Fe_3O_4/XSBAC 吸附 Hg^{2+} 的伪一级动力学方程

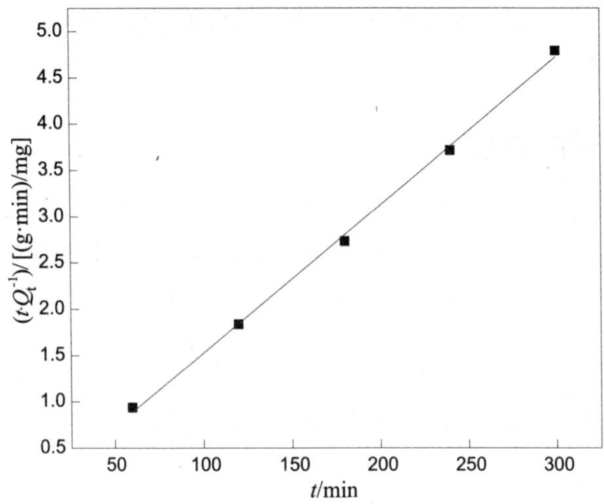

图 8-12 Fe_3O_4/XSBAC 吸附 Hg^{2+} 的伪二级动力学方程

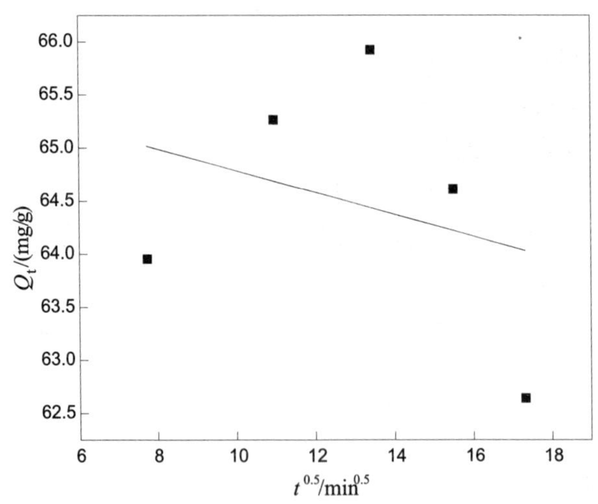

图 8-13 Fe_3O_4/XSBAC 吸附 Hg^{2+} 的粒子内扩散动力学方程

表 8-1 Fe_3O_4/XSBAC 吸附 Hg^{2+} 的动力学参数

伪一级动力学			伪二级动力学			粒子内扩散动力学	
K_1/(min^{-1})	Q_e/(mg/g)	R^2	K_2/[g/(mg·min)]	Q_e/(mg/g)	R^2	K_i/(min^{-1})	R^2
−0.002 86	65.921 31	0.212 21	0.003 6	62.656 64	0.999 07	−0.103 08	0.094 89

从表 8-1 可以得出：Fe_3O_4/XSBAC 吸附 Hg^{2+} 的伪一级动力学和伪二级动

力学相关系数分别是 0.212 21 和 0.999 07，理论吸附量分别为 65.921 31 mg/g 和 62.656 64 mg/g，但实际测得吸附量为 60.231 5 mg/g。粒子内扩散动力学的线性相关系数 R^2 为 0.094 89。经比较，伪二级动力学 R^2 接近 1 且测得的理论吸附量与实际测得吸附量相差比较小，因此，Fe_3O_4/XSBAC 吸附 Hg^{2+} 溶液的类型更符合伪二级动力学模型，而伪二级动力学模型属于化学吸附，所以，Fe_3O_4/XSBAC 吸附 Hg^{2+} 溶液是化学吸附，活性炭的吸附速率受其表面的吸附位点所影响[26]。

8.2.7　吸附等温线

分别用以下吸附等温线模型拟合 Fe_3O_4/XSBAC 吸附 Hg^{2+} 的实验数据[27-28]。

Langmuir 吸附等温线：

$$\frac{C_e}{Q_e}=\frac{1}{K_L\times Q_m}+\frac{C_e}{Q_m} \tag{8-7}$$

Freundlich 吸附等温线：

$$Q=K_F\times C^{\frac{1}{n}} \tag{8-8}$$

Temkin 吸附等温线：

$$Q_e= RT\cdot\ln\frac{\alpha_t}{b_t} + RT\cdot\ln\frac{C_e}{b_t} \tag{8-9}$$

式中，C_e 为液相吸附平衡浓度，mg/L；

Q_e 为液相平衡吸附量，mg/g；

Q_{max} 为理论最大吸附量，mg/g；

K_L 为 Langmuir 常数，L/mg；

K_F 和 n 分别为常数；

α_t 和 b_t 分别是 Temkin 等温线常数，L/g、J/mol。

分别用 Langmuir、Freundlich、Temkin 吸附等温线模型对磁性文冠果活性炭吸附 Hg^{2+} 实验数据进行分析，从图 8–14、8–15、8–16 中可以看出其线性相关性。表 8–2 展示了等温线速率常数。从表 8–2 可以得出，Fe_3O_4/XSBAC 吸附 Hg^{2+} 的 Langmuir、Freundlich、Temkin 吸附等温线的相关系数分别是 0.137 86、0.985 02 和 0.909 72，比较三种吸附等温线的线性相关性，可以得出 Fe_3O_4/XSBAC 对 Hg^{2+} 的吸附更加符合 Freundlich 吸附等温线模型。[29]

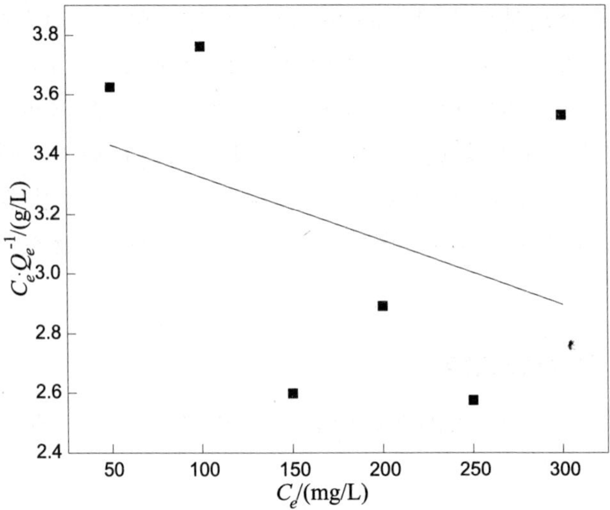

图 8–14　Langmuir 吸附等温线

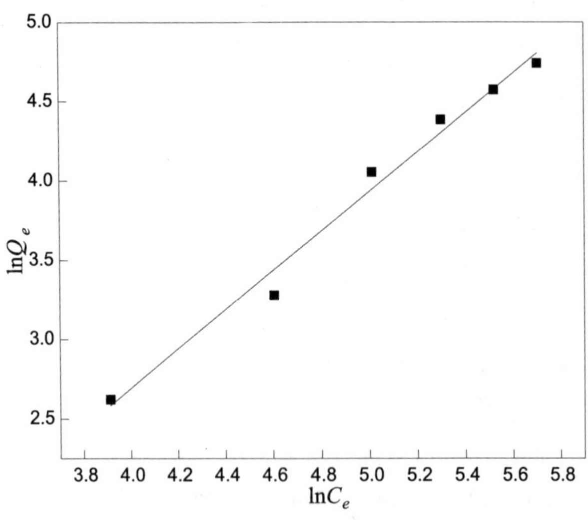

图 8–15　Freundlich 吸附等温线

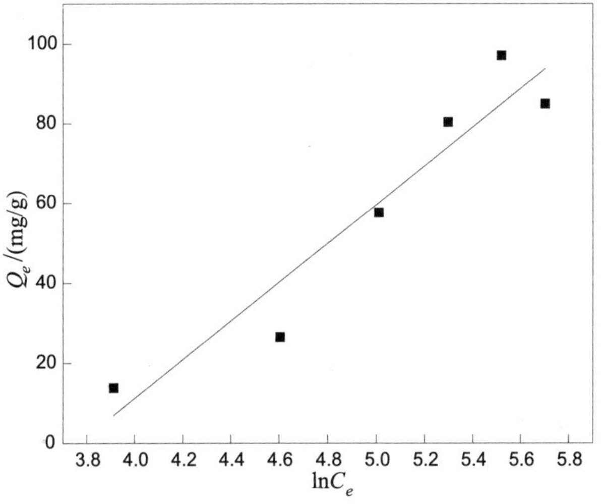

图 8-16　Temkin 吸附等温线

表 8-2　Fe_3O_4/XSBAC 吸附 Hg^{2+} 的等温线拟合参数

Langmuir 等温线			Freundlich 等温线			Temkin 等温线		
K_L/(L/mg)	Q_{max}/(mg/g)	R^2	K_F	$1/n$	R^2	b_t/(L/g)	a_t/(J/mol)	R^2
-0.002 14	70.660	0.137 86	0.103 67	1.239 96	0.985 02	0.051 98	0.023	0.909 72

8.2.8　吸附热力学参数

$$\ln K = \frac{\Delta S^{\circ}}{R} - \frac{\Delta H^{\circ}}{RT} \quad (8\text{-}10)$$

$$\Delta G^{\circ} = -RT\ln K \quad (8\text{-}11)$$

$$K = Q_e / C_e \quad (8\text{-}12)$$

式中，ΔG° 为吉布斯自由能，kJ/mol；

ΔH° 为吸附焓，kJ/mol；

ΔS° 为吸附熵，J/(mol · K)；

T 为吸附温度，K；

R 为理想气体常数，8.314×10^{-3} kJ/(mol/K)；

Q_e 为液相平衡吸附量，mg/g；

C_e 为液相吸附平衡浓度，mg/L。

从表 8-3 可以得出：$\Delta H^{\circ}<0$，说明 Fe_3O_4/XSBAC 吸附 Hg^{2+} 的反应为放热

反应；$\Delta G^{\circ}<0$，说明 Fe_3O_4/XSBAC 吸附 Hg^{2+} 的反应是自发进行的，$\Delta S^{\circ}<0$，说明在 Fe_3O_4/XSBAC 吸附汞 Hg^{2+} 的过程中界面上的分子做的是无序运动[30]。由此可以得出，Fe_3O_4/XSBAC 吸附 Hg^{2+} 的反应是一个自发、放热、熵降低的过程。

表 8-3 Fe_3O_4/XSBAC 吸附 Hg^{2+} 的热力学参数

温度 /K	ΔG°/(J/mol)	ΔH°/(J/mol)	ΔS°/[kJ/(mol·K)]
293	−93.91		
303	−84.21		
313	−74.52	−377.998	−0.969 6
323	−64.82		
333	−55.12		

8.3 结论

采用在文冠果活性炭的中性固液体系中直接添加纳米 Fe_3O_4 颗粒，分散搅拌合成 Fe_3O_4/XSBAC 的方法减少了制备活性炭和 Fe_3O_4/XSBAC 中间的反复洗涤过程。通过一些分析可得，纳米 Fe_3O_4 颗粒负载在文冠果活性炭的表面，且 Fe_3O_4/XSBAC 上存在铁氧官能团，结晶度得以提高，相比 XSBAC 比表面积降低了 139.1 m^2/g，微孔孔径由 0.775 3 nm 下降到 0.668 4 nm，磁化后的 XSBAC 的部分微孔结构被纳米 Fe_3O_4 负载，有着主要吸附作用的中孔结构变化不大。

XSBAC 吸附 Hg^{2+} 结果显示，当 Hg^{2+} 溶液的初始浓度为 250 mg/L，吸附时间为 300 min，吸附温度为 30 ℃，pH 为 2，XSBAC 添加量为 0.05 g 时，XSBAC 对 Hg^{2+} 的吸附量和去除率最大，分别为 96.413 mg/g 和 97.98%。

Fe_3O_4/XSBAC 吸附 Hg^{2+} 结果显示，当 Hg^{2+} 溶液的初始浓度为 250 mg/L，吸附时间为 180 min，吸附温度为 30 ℃，pH 为 2，Fe_3O_4/XSBAC 添加量为 0.05 g 时，Fe_3O_4/XSBAC 对 Hg^{2+} 的吸附量和去除率最大，分别是 97.069 mg/g 和 99.61%。

Fe_3O_4/XSBAC 对 Hg^{2+} 吸附试验过程符合伪二级动力学方程和 Freundlich 等温线模型，该吸附过程是一个自发、放热、熵降低的过程。

参考文献

[1] 李鑫璐，赵建海．氢氧化镁改性活性炭对铜离子的吸附 [J]. 精细化工，2020, 37(1): 130–134.

[2] Yang N, Zhu S M, Zhang D, et al. Synthesis and properties of magnetie Fe_3O_4–activated carbon nanocomposite partieles for dye removal[J]. Materials Letters. 2008, 62(4–5): 645–647.

[3] Putun A, Özbay N, Önal E, et al. Fixed–bed pyrolysis of coaon stalk for liquid and solid products [J]. Fuel Process Technology, 2005(86): 1207–1219.

[4] 解强，张香兰，李兰廷，等．活性炭孔结构调节：理论、方法与实践 [J]. 新型炭材料，2005, 20(2): 183–190.

[5] 马柏辉，叶李艺，张会平．活性炭的生产及发展趋势 [J]. 福建化工，2002(4): 65–67.

[6] Walker G M, Weatherley L R. Adsorption of acid dyes on to granular activated carbon in fixed beds[J].Water Research, 1997, 31(8):2093–2101.

[7] 许振良．膜法水处理技术 [M]. 北京：化学工业出版社 ,2001.

[8] 张利波．烟杆基活性炭的制备及吸附处理重金属废水的研究 [D]. 昆明：昆明理工大学，2007.

[9] 赵丽媛，吕剑明，李庆利，等．活性炭制备及应用研究进展[J]. 科学技术与工程，2008, 8(11): 2914–2919.

[10] Depci T. Comparison of activated carbon and iron impregnated activated carbon derived from Gölbasi lignite to remove cyanide from water [J]. Chemical Engineering journal, 2012, 181–182: 467–478.

[11] 黄红梅，程方，王赛璐．浸渍 – 微波法载铁活性炭对双酚 A 的吸附 [J]. 环境科学与技术，2013, 36(3): 125–129.

[12] 马放，周家晖，郭海娟，等．磁性活性炭的制备及其吸附性能 [J]. 哈尔滨工业大学学报，2016, 48(2): 50–56.

[13] 许智华，张道方，陈维芳．纳米铁 / 活性炭新型材料的制备及其对铜离子的吸附性能研究 [J]. 水资源与水工程学报，2015, 26(2):7–11.

[14] 罗浩．磁性生物质炭的制备及其对染料的去除研究 [D]. 烟台：鲁东大学，2017.

[15] Granados–Correa F, Bulbulian S. Co (II) adsorption in aqueous media by a synthetic Fe–Mn binary oxide adsorbent[J], Water Air and Soil Pollution, 2012, 223: 4089–

4100.

[16] Sun K, Jiang J C, Cui D D. Preparation of activated carbon with highly developed mesoporous structure from Camellia oleifera shell through water vapor gasification and phosphoric acid modification[J]. Biomass and Bioenergy, 2011, 35(8): 3643–3647.

[17] Bulut Y, Tez Z. Adsorption studies on ground shells of hazelnut and almond. Journal of Hazardous Materials, 2007,149(1):35–41.

[18] 单国彬，张冠东，田青，等. 磁性活性炭的制备与表征 [J]. 过程工程学报，2004, 4(2): 141.

[19] Abatan O, Babalolao A, Agboola O, et al. Production of activated carbon from African star apple seed husks, oil seed and whole seed for wastewater treatment[J]. Journal of Cleaner Production, 2019, 232: 441–450.

[20] 李严，王欣，黄金田. 沙柳活性炭纤维改性及其对铅离子的吸附性能 [J]. 材料导报，2018, 32(7):2360–2365.

[21] Khan M A, Ngabura M, Choong T S Y, et al. Biosorption and desorption of nickel on oil cake: Batch and column studies[J]. Bioresource Technology, 2012, 103(1), 35–42.

[22] Horsfall M, Abia A.A. Sorption of cadmium(II) and zinc(II) ions from aqueous solutions by cassava waste biomass (Manihot sculenta Cranz)[J]. Water Research, 2003, 37(20), 4913–4923.

[23] Zhang X T, Hao Y N, Wang X M, et al. Adsorption of iron(III), cobalt(II), and nickel(II) on activated carbon derived from Xanthoceras Sorbifolia Bunge hull: mechanisms, kinetics and influencing parameters[J]. Water science and technology, 2017, 75(8):1849–1861.

[24] Han R P, Zou W H, Yu W H. Biosorption of methylene blue from aqueous solution by fallen phoenix tree's leaves[J]. Journal of Hazardous Materials, 2007, 141(1):156–162.

[25] Shipley H J, Engate K E, Grover V A. Removal of Pb(II), Cd(II), Cu(II), and Zn(II) by hematite nanoparticles: effect of sorbent concentration, pH, temperature, and exhaustion[J]. Environmental Science and Pollution Research, 2013, 20(3): 1727–1736.

[26] Chang M Y, Juang R S. Adsorption of tannic acid, humic acid, and dyes from water using the composite of chitosan and activated clay [J]. Journal of Colloid and

Interface Science, 2004, 278(1):18–25.

[27] Bogusz A, Oleszczuk P, Dobrowolski R. Application of laboratory prepared and commercially available biochars to adsorption of cadmium, copper and zinc ions from water [J]. Bioresource Technology, 2015, 196:540–549.

[28] 徐宇峰 . 活性炭处理工业废水的应用 [J]. 环境与发展 , 2018(3): 38.

[29] Özer A, Dursun G. Removal of methylene blue from aqueous solution by dehydrated wheat bran carbon[J]. Journal of hazardous materials, 2007, 146(1–2):262–269.

[30] Chen S S, Li C W, Hsua H D, et al. Concentration and purification of chromate from electro plating wastewater by two–stage electrode analysis processes[J]. Journal of Hazardous Materials, 2009, 161(2–3): 1075–1080.

第 9 章　磁性文冠果活性炭 MXSBAC 吸附三组分染料的研究

水体污染和大气污染现已成为国际重点关注的问题，世界各国采取了许多应对政策以解决污染问题。很早以前，西方国家就运用活性炭吸附废水中的有害物质。吸附法是人们关注的焦点。如果水中含有大量有机氯、有机汞、BOD、COD、铬，活性炭可将它们吸附。[1] 活性炭因具有比表面积较大，空隙相对较多，化学稳定性相对较好等特点 [2-3]，经常被用于废水、废气处理，尤其在工业印染废水的治理上发挥着非常重要的作用。范琼等 [4] 在 MB 溶液中以橘子皮为吸附剂进行吸附反应，通过实验数据分析得出其吸附反应在 pH 为 10 的条件下最好，此时吸附量最大，分析表明橘子皮在吸附有机染料方面可能有较好的实用价值。Gong 等 [5] 利用单因素实验研究了废弃花生壳对 MB、亮甲酚蓝等阳离子染料混合溶液的吸附性能，通过实验初步证明用花生壳制备的吸附剂对阳离子混合染料溶液吸附性较好，分析认为其可作为吸附此类物质的吸附剂。刘杰等 [6] 以沙柳做为原材料制备活性炭，通过实验得出此种活性炭对 MB 的吸附量较大。综上所述，吸附法被广泛应用于印染废水处理。作为日常生活中被广泛应用的吸附质，活性炭微孔比较多且发达，比表面积相对较大，这些优势使它成为一种吸附性能较好，吸附容量相对较高的吸附材料 [7]，在污水处理方面具有很大的应用价值，成为现如今处理工业印染废水应用广泛的吸附材料之一。但是，根据目前的研究情况看，利用活性炭对单一染料进行吸附的研究较多而针对混合染料的研究相对较少。而实际工业废水中通常混有许多种染料，并且不同种类的活性炭对不同染料的吸附效果有所不同，吸附量也随之不同，因此，要分析活性炭对多组分染料的吸附机理，该分析过程也会十分复杂。本试验利用磁性文冠果活性炭吸附处理 MB（亚甲蓝），MO（甲基橙），BF（碱性品红）三种染料混合溶液，并通过单因素试验考察 MB、MO、BF 三种混合溶液的初始浓度、pH、时间、温度对 MXSBAC 吸附性能的影响，确定其最佳吸附条件以及对 MB、MO、BF 的最大吸附量，通过实验数据拟合 MXSBAC 的吸附动力学以及等温线模型，运用吸附热力学参数分析以探究其吸附机理。这对于指导实际含多种染料混合溶液的处理具有重要的经济意义、环保意义和社会效益。

9.1　实验部分

9.1.1　MB、MO、BF 三种染料混合溶液的单因素实验

研究内容包括 MB、MO、BF 三种染料混合溶液初始浓度、pH、吸附时间及吸附温度对 MXSBAC 吸附性能的影响，通过实验测到的数据得出最佳吸附条件并确定其最大吸附量。

9.1.2　磁性文冠果活性炭 MXSBAC 的制备

运用化学共沉淀法制备 MXSBAC，在 XSBAC 里加入 Fe_3O_4，其比例为 1 ∶ 3, 在制备好的样品中加入 100 mL 10 mol/L 氢氧化钠水溶液作为沉淀剂，将其放置在磁力加热搅拌器上搅拌 120 min 后静置使其沉淀，倒去其上清液。用蒸馏水反复冲洗沉淀物直到溶液呈中性，用循环水式多用真空泵抽去水分，把抽滤得到的固体放入表面皿中，并放置到温度为 100℃真空干燥箱中，将其充分烘干后密封干燥保存。

9.1.3　磁性文冠果活性炭 MXSBAC 的吸附试验

用 50 mL 容量瓶量取 50 mL 已知浓度的 MB、MO、BF 三种染料混合溶液，并加入 0.05 g 的 MXSBAC，放入振速为 128 r/min 的水浴恒温振荡器中，在不同 MB、MO、BF 三种染料混合溶液的 pH 分别为 3、5、7、9、11，初始浓度分别为 600mg/L、800 mg/L、1 000 mg/L、1 200 mg/L、1 400 mg/L，吸附时间分别为 40 min、80 min、120 min、160 min、200 min，吸附温度分别为 20℃、30℃、40℃、50℃、60℃。吸附达到平衡后离心分离，用移液管取适量上清液至锥形瓶中稀释 100 倍，用双光束紫外可见光光度计进行测量，按公式（9–1）计算出其吸附量 Q。

$$Q = (C_0 - C_i) \times V \times M / G \qquad (9\text{–}1)$$

式中，Q 为吸附量，mg/g；

C_0 为吸附前 MB、MO、BF 混合溶液的初始浓度，mol/L；

C_i 为吸附达到平衡后 MB、MO、BF 混合溶液的浓度，mol/L；

V 为 MB、MO、BF 混合溶液的体积，mL；

M 为染料的相对分子质量；

G 为 MXSBAC 的质量，g。

9.2 结果与讨论

9.2.1 MXSBAC 的表征

磁化前后的 XSBAC 的红外光谱图如图 9-1 所示，MXSBAC 在 3 400 ～ 3 500 cm^{-1} 处有明显的吸收峰，这主要是由羟基或氢键的伸缩振动引起的，而 XSBAC 此处吸收峰较小。在 800 ～ 1 200 cm^{-1} 处出现了一系列吸收峰，其中主要有芳环 CH 变形振动、C—O—C 对称振动的吸收峰，而未改性的没有。MXSBAC 在 580 cm^{-1} 处有明显的吸收峰，而未磁化的没有，此处是 Fe—O 的吸收峰。活性炭经磁化后其表面引入了一些新的官能团，其表面极性减弱有利于吸附。

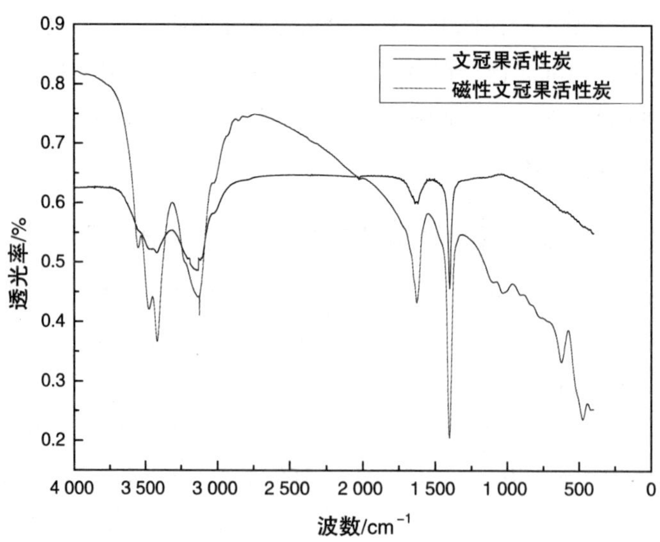

图 9-1 磁化前后文冠果活性炭的红外光谱图

磁化前后 XSBAC 的 XRD 谱图如图 9-2 所示，XSBAC 在 $2\theta=25°$ 左右有一个较大的衍射峰，是其在（002）晶面的衍射特征峰，而在其经过磁化处理后峰强度变小，微晶结构的混乱程度加剧了。在 $2\theta=45°$ 左右还有一个强度比较小的峰，它是其在（100）晶面的衍射特征峰，而 MXSBAC 不存在这个峰。这说明 MXSBAC 有乱层石墨结构，这种结构层间距相对较大，其微晶层数较少，而且比晶态更小，这就更有利于孔隙结构的形成，更易于吸附。

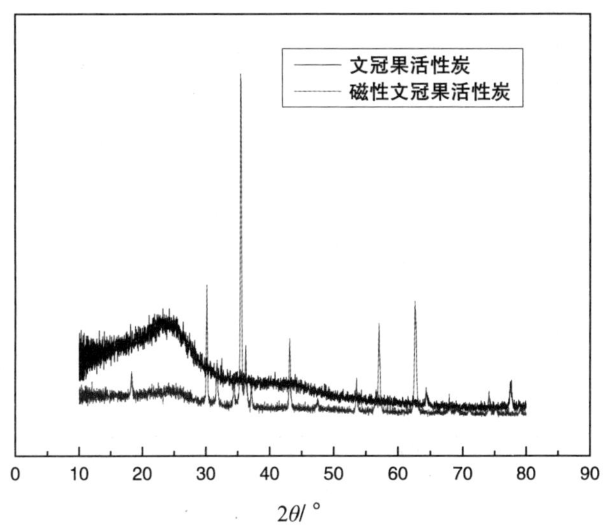

图 9-2　磁化前后文冠果活性炭的 XRD 谱图

9.2.2　MB、MO、BF 混合染料的初始浓度对 MXSBAC 吸附性能的影响

图 9-3 展示了 MB、MO、BF 混合溶液的初始浓度对 MXSBAC 吸附性能的影响。从图中可以看出，在吸附时间为 120 min，吸附温度为 30℃，pH 为 5.3，MXSBAC 质量为 0.05 mg 的条件下，当溶液初始浓度在 600 ～ 1 000 mg/L 的范围内，MXSBAC 对 MB 和 BF 的吸附量随溶液初始浓度的增加而逐渐增加，在 600 ～ 1 200 mg/L 的范围内，MXSBAC 对 MO 的吸附量随溶液初始浓度增加而增大，当 MB 初始浓度大于 1 000 mg/L 时，MXSBAC 对它的吸附量几乎保持不变，趋于平衡，最大吸附量为 466.56 mg/g。BF 跟 MO 溶液的初始浓度超过 1 200 mg/L 时，MXSBAC 对两者的吸附量几乎不变，最大吸附量分别为 411.23 mg/g、1 131.13 mg/g。

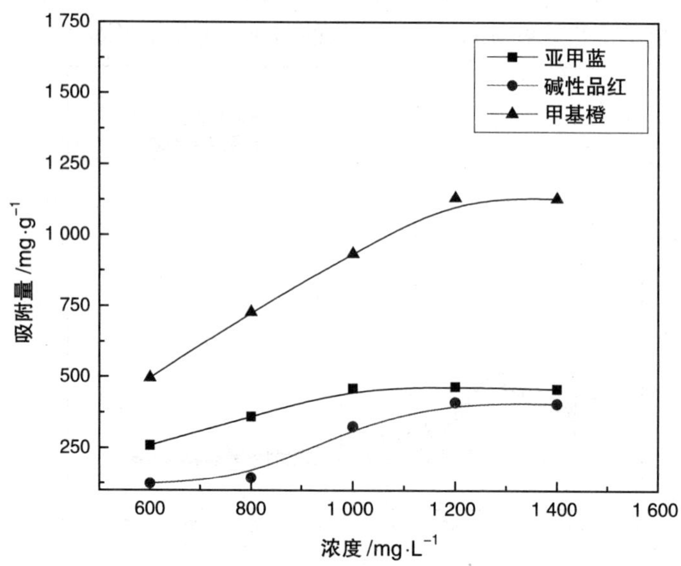

图 9-3　MB、MO、BF 的初始浓度对 MXSBAC 吸附量的影响

在吸附过程中，MXSBAC 对 MB、MO、BF 混合溶液的吸附量最开始呈现较快的上升趋势，原因可能是初始浓度的增大导致其和 MXSBAC 间的浓度差随之增大，染料溶液与 MXSBAC 间的传质推动力随之变大，染料分子扩散到 MXSBAC 孔隙的速率加快，对活性炭吸附染料产生了促进作用，染料的吸附量增大。当溶液初始浓度达到 1 200 mg/L 时，染料分子基本占满了活性炭的吸附位点，吸附达到饱和状态。

9.2.3　MB、MO、BF 混合染料的 pH 对吸附性能的影响

图 9-4 展示了 MB、MO、BF 混合溶液的 pH 对 MXSBAC 吸附性能的影响。由图所知，在 MB、MO、BF 混合溶液浓度为 1 000 mg/L，吸附时间为 120 min，吸附温度为 30℃ ,MXSBAC 质量为 0.05 g 的条件下，三种染料的吸附量都随着 pH 的增大呈现先增加后减少的趋势。MO 的 pH 为 6 时 MXSBAC 对其吸附量最大，最大值为 938.68 mg/g。BF 和 MB 的 pH 为 9 时，MXSBAC 对两者吸附较好，最大吸附量分别为 726.54 mg/g、731.77 mg/g。

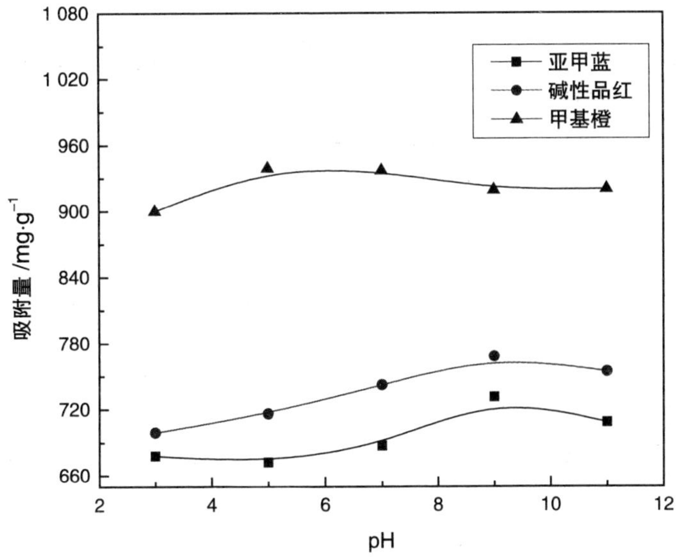

图 9-4　MB、MO、BF 溶液的 pH 对 MXSBAC 吸附量的影响

出现这种情况的原因可能是随着 pH 升高，MB、MO、BF 混合溶液中 H^+ 浓度减少，HO^- 浓度增加。MO 是酸性染料，当 pH 较低时其不易离解，因此，MXSBAC 对其吸附量较小，随着 pH 的增大吸附量有所增加，但在碱性条件下，MO 容易离解产生负离子，活性炭一般带负电，因此容易发生排斥，所以 MXSBAC 对其吸附量又下降。BF 和 MB 都是碱性染料，在酸性条件下与 H^+ 在 MXSBAC 上产生竞争吸附，所以 MXSBAC 对其吸附量较小，随着 pH 的增大，HO^- 浓度增大，染料离解度变小，与 MXSBAC 的静电斥力变小，所以吸附量增加。

9.2.4　温度对 MXSBAC 吸附性能的影响

图 9-5 展示了吸附温度对 MXSBAC 吸附性能的影响，如图所示，在 MB、MO、BF 三种染料混合溶液浓度为 1 000 mg/L，吸附时间为 120 min，pH 为 5.3，MXSBAC 质量为 0.05 g 的条件下，吸附温度在 20℃到 40℃的范围内 MXSBAC 对染料的吸附量逐渐增加，在 40℃得到三种染料的最大吸附量，对 MO 的最大吸附量为 933.23 mg/g，对 BF 的最大吸附量为 671.47 mg/g，对 MB 的最大吸附量为 708.26 mg/g，继续升高温度，MXSBAC 吸附性能降低，吸附量减少。

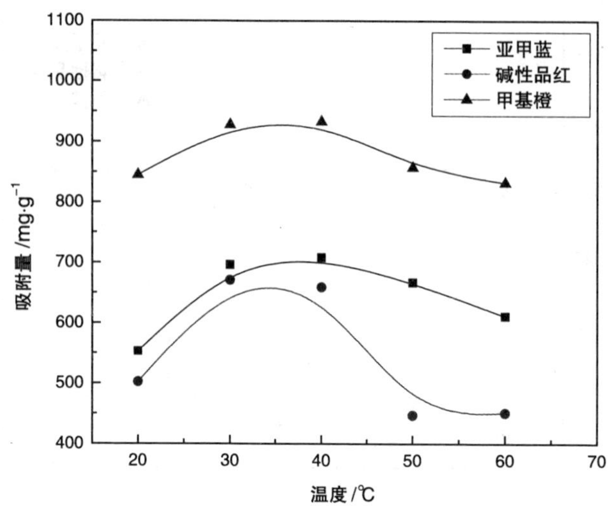

图 9–5　吸附温度对 MXSBAC 吸附量的影响

MXSBAC 对混合溶液吸附量呈现先增大后减小的原因可能是温度较低时，MXSBAC 的吸附效果显著，随着温度的不断升高，染料分子活性增强，热运动使其无序分布的现象明显，MXSBAC 上已被吸附的染料分子会脱附，使 MXSBAC 的吸附量下降。

9.2.5　时间对 MXSBAC 吸附性能的影响

图 9–6 展示了吸附时间对 MXSBAC 吸附性能的影响，如图所示，在 MB、MO、BF 混合溶液浓度为 1 000 mg/L，吸附温度为 30℃，pH 为 5.3，MXSBAC 质量为 0.05 g 的条件下，吸附时间低于 120 min 时 MXSBAC 对三种染料的吸附量都随着吸附反应时间的延长而增大，而当时间超过 120 min 时吸附量不再有明显变化，所以，MXSBAC 对 MO、MB、BF 的最大吸附量分别为 935.47 mg/g、717.78 mg/g、680.25 mg/g。

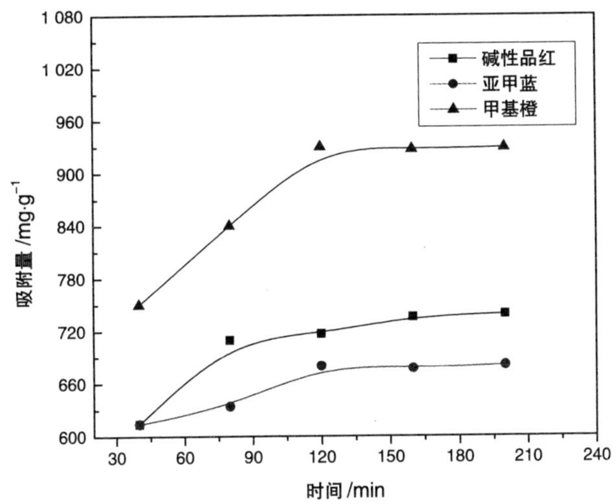

图 9-6　吸附时间对 MXSBAC 吸附量的影响

MXSBAC 对 MO、MB、BF 混合溶液的吸附量先增长后趋于平缓的原因是在吸附开始的一段时间内，MXSBAC 上存在着很多的吸附位点，可以很快吸附 MB、MO、BF 染料分子，伴随着时间的延长，被染料分子占据的吸附位点不断增多，而空余位点变得越来越少，并达到饱和状态，导致吸附量几乎不再变化，MXSBAC 对 MO、MB、BF 分子的吸附达到饱和状态。

9.2.6　吸附动力学

假定吸附受扩散步骤控制，则吸附速率正比于平衡吸附量与 t 时刻吸附量的差值。

伪一级动力学方程：假定吸附受扩散步骤控制，则吸附速率正比于平衡吸附量与 t 时刻吸附量的差值（见图 9-7）。

$$\ln(Q_e-Q_t)=\ln Q_e-K_1t \tag{9-2}$$

伪二级动力学方程：假定吸附速率是受化学吸附机理的控制，认为化学吸附涉及吸附剂与吸附质之间的电学性质。

$$t/Q_t=t/Q\mathrm{e}+1/K_2Q_e^2 \tag{9-3}$$

粒子内扩散动力学方程：韦伯莫里斯内扩散模型假设活性炭表面的吸附速率是由颗粒内扩散控制（见图 9-9）。

$$Q_t=K_it^{0.5} \tag{9-4}$$

式中，Q_t 为 t 时刻吸附量，mg/g；

Q_e 为平衡吸附量，mg/g；

K_1 为一级动力学速率常数，min^{-1}；

K_2 为二级动力学模型速率常数，g/(mg · min)；

K_i 为粒子内扩散速率常数，mg/(g · $min^{0.5}$)。

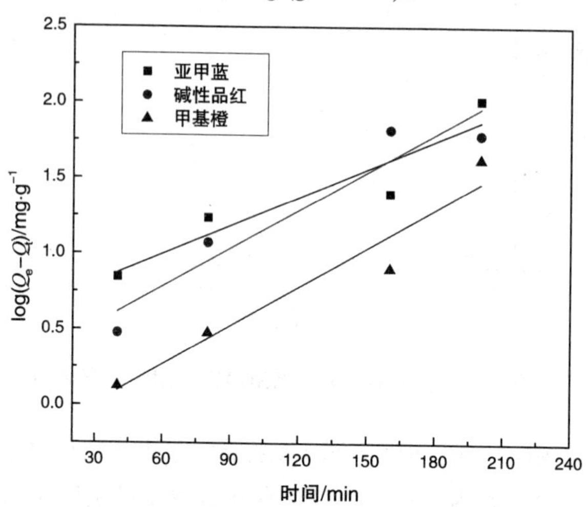

图 9-7　MXSBAC 吸附 MB、MO、BF 伪一级动力学图

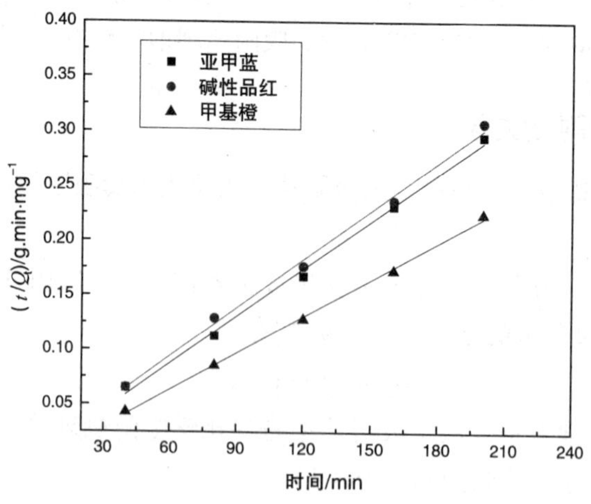

图 9-8　MXSBAC 吸附 MB、MO、BF 伪二级动力学

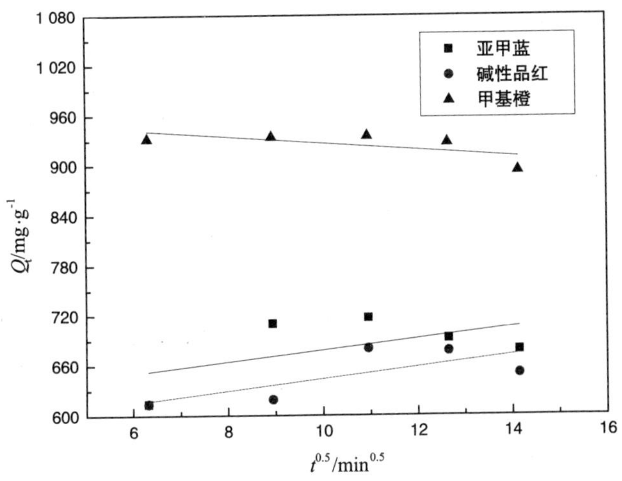

图 9–9　粒子内扩散动力学图

由表 9–1 可以得到 MB、BF、MO 的伪一级动力学的线性相关系数 R^2 分别为 0.881 3、0.916 9、0.873 5，理论吸附量分别为 4.209 2 mg/g、1.903 7 mg/g、0.567 7 mg/g, 它们的伪二级动力学的线性相关系数 R^2 分别为 0.996 1、0.995 9、0.998 5，理论吸附量分别为 714.285 7 mg/g、666.666 7 mg/g、909.090 9 mg/g，但实际测得吸附量为 717.78 mg/g、680.25 mg/g、935.47 mg/g。粒子内扩散动力学的线性相关系数 R^2 分别为 0.562 3、0.501 2、0.476 5。叶洛维奇动力学线性相关系数 R^2 分别为 0.887 1、0.890 1、0.881 9。经过对比，利用伪二级动力学测得的理论吸附量与实际测得量相差比较小，因此，MXSBAC 对 MB、BF、MO 三种染料的吸附与吸附的伪二级动力学模型拟合得较好，证明此吸附反应属于化学吸附。活性炭表面吸附位点的性能会影响 MXSBAC 对 MB、BF、MO 的吸附速率。

表 9–1　MXSBAC 吸附 MB、BF、MO 三种染料的动力学参数

	伪一级动力学			伪二级动力学			粒子内扩散动力学	
	K_1/min^{-1}	Q_e/(mg/g)	R^2	K_2[g·(mg·min)$^{-1}$]	Q_e/(mg/g)	R^2	K_i/min^{-1}	R^2
MB	0.014 3	4.209 2	0.881 3	0.002 5	714.285 7	0.996 1	64.341	0.562 3
BF	0.003 5	1.903 7	0.916 9	0.000 4	666.666 7	0.995 9	61.115	0.501 2
MO	0.019 8	0.567 7	0.873 5	0.003	909.090 9	0.998 5	87.165	0.476 5

9.2.7 吸附等温线

1. Langmuir 吸附等温线

假定吸附剂的表面含有均匀的具有相同吸附能量而不与吸附分子相互作用的吸附位点（见图 9–10）。

$$C_e/Q_e=1/K_LQ_{max}+C_e/Q_{max} \tag{9-5}$$

式中，C_e 为液相吸附平衡浓度，mg/L；

Q_e 为液相平衡吸附量，mg/g；

Q_{max} 为理论最大吸附量，mg/g；

K_L 为 Langmuir 常数，L/mg。

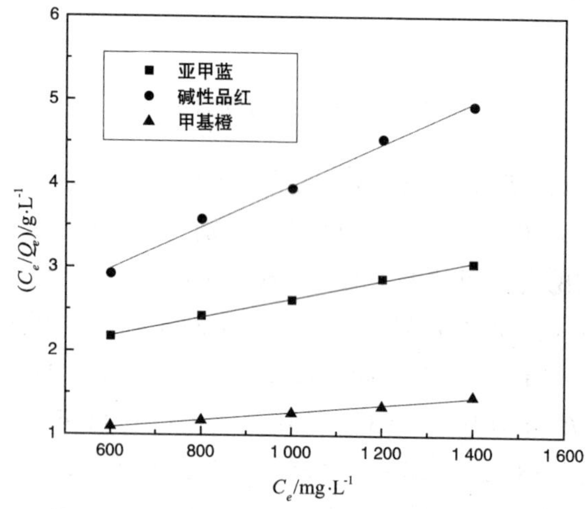

图 9–10 Langmuir 吸附等温线

2. Freundich 吸附等温线

假定在自然状态下异构体表面的吸附带有不均匀分布的表面吸附热量（见图 9–11）。

$$\ln Q_e=\ln K_F+\ln C_e/n \tag{9-6}$$

式中，C_e 为液相吸附平衡浓度，mg/L；

Q_e 为液相平衡吸附量，mg/g；

K_F、n 为常数。

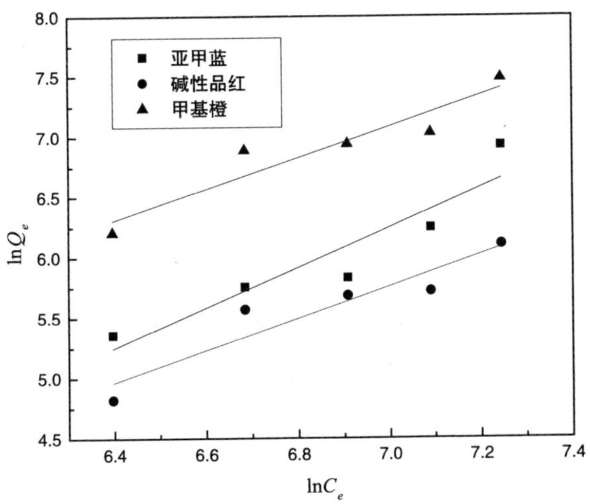

图 9-11　Freundich 吸附等温线

3. Temkin 吸附等温线

假定吸附的热量随着吸附量的增加呈二线性减少且活性炭表面吸附位点上的结合能是均匀分布的（见图 9-12）。

$$Q_e=\mathrm{R}T\cdot\ln\alpha_t/b_t+\mathrm{R}T\ln C_e/b_t \qquad (9-7)$$

式中，α_t（L/g）和 b_t（J/mol）是 Temkin 等温线常数，L/g，J/mol。

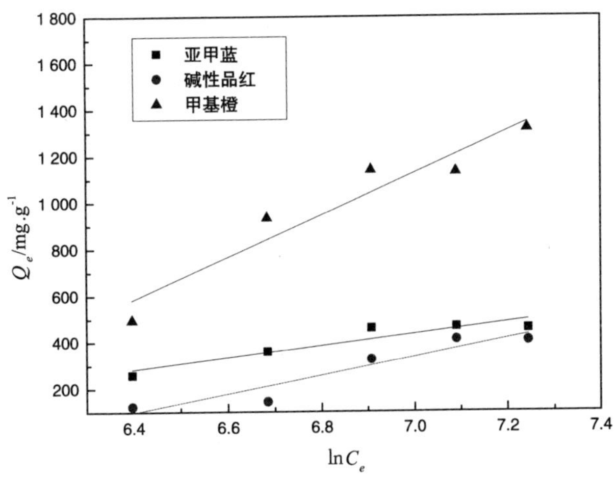

图 9-12　Temkin 吸附等温线

运用 Langmuir、Freundich、Temkin 吸附等温线模型对不同温度下 MXSBAC 吸附 MB、MO、BF 三种染料的实验数据进行分析，结果如表 9-2 所示。由表

9-2 可以得出 MB、BF、MO 的 Langmuir 吸附等温线的线性相关系数 R^2 分别为 0.997 3、0.992 5、0.992 1，MB、BF、MO 的 Freundlich 吸附等温线的线性相关系数 R^2 分别为 0.872 5、0.886 8、0.890 6。MB、BF、MO 的 Temkin 吸附等温线的线性相关系数 R^2 分别为 0.863 5、0.895 6、0.884 3。对比三个吸附等温线线性相关系数可以得出 MXSBAC 对 MB、BF、MO 三种染料的吸附符合 Langmuir 吸附等温线模型。

表 9-2 MXSBAC 吸附 MB、MO、BF 三种染料的吸附等温线拟合参数

	Langmuire 等温线			Freundlich 等温线			Temkin 等温线		
	K_L/(L/mg)	Q_{max}/(mg/g)	R^2	K_F/[(mg/g)(L/mg)$^{1/n}$]	$1/n$	R^2	b_t(L/g)	a_t(J/mol)	R^2
MB	0.000 8	909.090 9	0.997 3	0.006 4	1.621 7	0.872 5	10.018 5	0.005 1	0.863 5
BF	0.001 4	416.666 7	0.992 5	0.001 5	1.764 2	0.886 8	6.384 4	0.002 1	0.895 6
MO	0.000 5	2 500	0.992 1	0.325 8	1.149 6	0.890 6	2.612 2	0.002 7	0.884 3

9.2.8 吸附热力学参数

研究吸附热力学有利于我们深入了解金属离子被吸附的过程和驱动力，公式如下：

$$\Delta G=\Delta H-T\Delta S \tag{9-8}$$

$$\mathrm{Ln}(Q_e/C_e)=-(\Delta H/\mathrm{R}T)+\Delta S/R \tag{9-9}$$

式中，ΔG 为吉布斯自由能，kJ/mol；

ΔH 为吸附焓，kJ/mol；

ΔS 为吸附熵；

T 为吸附温度，K；

R 为理想气体常数，8.314×10^{-3}kJ/(mol/k)；

Q_e 为液相平衡吸附量；

C_e 为液相吸附平衡浓度。

由表 9-3 可知，$\Delta H<0$，说明 MXSBAC 对 MB、BF、MO 三种染料的吸附反应为放热反应；$\Delta G<0$，表明染料容易被吸附在 MXSBAC 的表面，MXSBAC 吸附染料是自发进行的；$\Delta S<0$，说明在吸附过程中 MXSBAC 与 MB、BF、MO 混合溶液界面上分子的运动无序性下降。所以，MXSBAC 对 MB、BF、MO 三种染料的吸附反应是一个自发、放热、熵降低过程[17]。

表 9-3　MXSBAC 吸附 MB、BF、MO 三种染料的热力学参数

	T/K	ΔG/kJ · mol^{-1}	ΔH/kJ · mol^{-1}	ΔS/kJ · mol^{-1}
MB		−11.496 4	−38.641 1	−92.103 6
BF	303	−12.091	−51.583 5	−120.324 2
MO		−12.322	−68.673 4	−132.635 7

9.3　结论

MXSBAC 的红外光谱图表明活性炭经磁化后其表面引入了一些新的官能团，表面极性减弱有利于吸附。XRD 谱图表明 MXSBAC 有乱层石墨结构，层间距较大，其微晶层数较少，孔隙结构比较发达，更易于吸附。

MXSBAC 对 MB、BF、MO 三种染料的吸附实验表明在 MB、MO、BF 三种染料混合溶液的初始浓度为 1 200 mg/L，吸附温度为 40 ℃，吸附时间为 120 min，MXSBAC 加入量为 0.05 g 条件下，pH 分别为 9、6、9 时，MXSBAC 对 MB、MO、BF 的吸附量最大，分别为 731.77 mg/g、938.87 mg/g 、726.54 mg/g。

MXSBAC 吸附三种混合染料的过程符合伪二级动力学模型和 Langmuir 等温线模型，是自发、放热、熵降低过程。

参考文献

[1] 张晓雪，王欣 . 磷酸活化沙柳制备活性炭工艺 [J] . 林业工程学报 , 2016, 3(1): 58–62.

[2] 梅建庭，白雪莲，赵玉君 . 活性炭纤维对水中亚甲蓝的吸附脱色研究 [J]. 染料工业 , 2001, 38 (5): 42–43.

[3] Kang T, Jiang X, Zhou L, et al.Removal of methyl orange from aqueous solutions using a bentonite modified with a new gemini surfactant[J]. Applied Clay Science, 2011, 54(2): 184–187.

[4] 范琼 , 张学亮 , 张弦 , 等 . 橘子皮对水中亚甲蓝的吸附性能研究 [J]. 中国生物工程杂志 , 2007, 27(5):85–89.

[5] Gong R,Li M,Yang C.Removal of cationic dyes from aqueous solution by adsorption

on peanut hull[J].Journal Hazard Materi, 2005,121(1-3):247-250.
[6] 刘杰，张桂兰，鲍咏泽．沙柳活性炭的制备及其性能研究 [J]. 内蒙古农业大学学报（自然科学版）,2015,36(1):122-126.
[7] 解建坤，岳钦艳，于慧，等. 污泥活性炭对活性艳红 K- 2BP 染料的吸附特性[J]. 山东大学学报 ,2007,42(3):64-70.

第10章 磁性文冠果活性炭MXSBAC对双组分染料的竞争吸附

含有机染料的废水对大众的健康、生态环境都造成了严重的危害，早已引起了国内外广泛的关注。有机物进入环境后不仅仅对水生生物造成威胁，而且参与了食物链，能够累积到较高的浓度，最终危害人类的健康[1-2]。因此，有机物废水染料应该得到广泛的重视，降低和去除水中的有机物染料是非常重要和迫切的。在众多的处理方法当中，吸附法和化学沉淀法不会向所需处理的废水中引入新的化学物质，能耗明显低于蒸发浓缩法，出水水质好于气浮法，操作的复杂程度和处理的成本明显低于电解法、离子交换法、溶剂萃取法和膜分离法。另外，在废水中有机染料以稀相存在，在深度处理有机污染废水中吸附技术具有无可比拟的优势。其中，粉末活性炭是常用的吸附剂，因其表面积大，所以有着很强的吸附力，对难降解物质具有很好的去除效果，这是一般生物法难以做到的[3-5]，因此，被广泛应用于工业废水的深度处理中，以保证废水处理系统出水稳定，排放达标。但是，由于粉末活性炭的自身粒径小、轻的特点，在使用过程中存在与处理后的水难以分离、容易流失、成本高等缺点[6]。

在日常生活中，废水中往往存在多种染料，吸附剂对每种染料的吸附效果不同，因此，吸附剂对多种染料的吸附就会变得很复杂。本实验以废弃的文冠果壳为原料制备活性炭用于吸附亚甲蓝、碱性品红、甲基橙的混合染料。经过前期的研究发现，文冠果活性炭为（XSBHAC）对有机染料具有非常好的吸附效果。本实验以65% $ZnCl_2$ 为活化剂制备活性炭，制备出的活性炭再经 Fe_3O_4 磁性处理便具有磁性。本实验分别对活性炭对甲基橙和亚甲蓝、碱性品红和亚甲蓝、碱性品红和甲基橙三组双组分混合溶液的吸附进行了研究，探讨了吸附时间、温度、pH和初始浓度对三组混合溶液吸附的影响，并对吸附等温线及动力学模型进行拟合，以期为研究吸附剂对多组分染料吸附机理和性能提供新的思路和方向。

10.1 实验方法

分别称取 50 mL 已知浓度的亚甲蓝和甲基橙、亚甲蓝和碱性品红、甲基橙和碱性品红三组双组分溶液，并对文冠果壳进行磁化，再称取 0.05 g 磁性文冠果活性炭加入三样溶液中，用 128 r/min 的振幅在水浴恒温振荡器中进行震荡。在不同的亚甲蓝和甲基橙、亚甲蓝和碱性品红、甲基橙和碱性品红三种双组分溶液吸附时间 (40 min、80 min、120 min、160 min、200 min)、吸附温度（20 ℃、30 ℃、40 ℃、50 ℃、60 ℃）、pH（3、5、7、9、11）、初始浓度（600 mg/L、800 mg/L、1 000 mg/L、1 200 mg/L、1 400 mg/L) 的条件下进行吸附。当吸附平衡后离心分离，用移液管量取适量的上清液至锥形瓶进行稀释，再用双光束紫外可见光光度计进行测量，按公式（10–1）计算得到其吸附量 Q。

$$Q=\frac{(C_0-C_i)\times V}{M}\ Q=\frac{(C_0-C_i)\times V}{M}\ Qe=V\left(C_o-C_e\right)/m \qquad (10\text{–}1)$$

式中，Q 为吸附量，$mg\cdot g^{-1}$；

C_0 为吸附前 Hg^{2+} 溶液的初始浓度，$mol\cdot L^{-1}$；

C_i 为吸附平衡后 Hg^{2+} 溶液的浓度，$mol\cdot L^{-1}$；

V 为 Hg^{2+} 溶液的体积，mL；

M 为 $Ce(NO_3)_3$/XSBAC 的质量，g。

10.2 实验结果与讨论

10.2.1 双组分染料吸附时间对 MXSBAC 吸附性能的影响

图 10–1 展示了吸附时间对磁性文冠果活性炭吸附性能的影响。由图 10–1 可知，在温度为 30℃，两种混合溶液初始浓度为 1 000 mol/L，pH 为 5.6，磁性文冠果活性炭的质量为 0.05 g 的条件下，吸附量随着时间的延长呈现先增大后趋于平缓的趋势。在吸附时间为 120 min 时，得到其最佳吸附量。

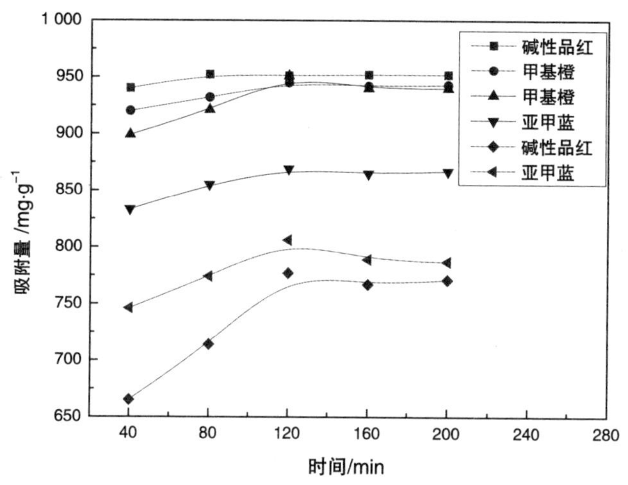

图 10–1　时间对吸附性能的影响

碱性品红 – 甲基橙：最佳吸附量分别为 952.43 mg/g、933.56 mg/g。

甲基橙 – 亚甲蓝：最佳吸附量分别为 951.62 mg/g、893.83 mg/g。

碱性品红 – 亚甲蓝：最佳吸附量分别为 777.33 mg/g、806.15 mg/g。

出现这种现象的原因是在吸附刚进行的一段时间内，磁性文冠果活性炭上有大量的吸附位点，能很快吸附染料，当反应时间达到 120 min 时吸附位点逐渐减少，吸附量几乎不再变化。

10.2.2　双组分染料吸附温度对 MXSBAC 吸附性能的影响

图 10–2 展示了吸附温度对磁性文冠果活性炭吸附性能的影响。由图 10–2 可知，在初始浓度为 1 000 mol/L，pH 为 5.6，吸附时间为 40 min，磁性文冠果活性炭的质量为 0.05 g 的条件下，磁性文冠果活性炭对三组双组分染料的吸附量随着温度的升高先增长后下降。

碱性品红 – 甲基橙：当温度从 20℃升至 30℃时，随着温度的升高，对两种染料的吸附量逐渐上升。当温度从 30℃上升到 60℃时，对两种染料的吸附量随着温度的升高而逐渐减小。对碱性品红吸附的最佳温度为 30℃，最大吸附量为 940.79 mg/g。而对甲基橙的最佳吸附温度为 40℃，最大吸附量为 893.25 mg/g。

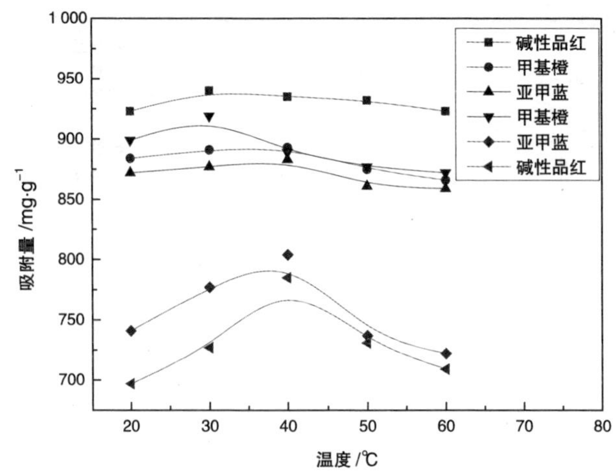

图 10-2　温度对活性炭吸附性能的影响

甲基橙 - 亚甲蓝：一开始随着温度的升高对甲基橙的吸附量迅速增加，当温度达到 30℃时，达到最大吸附值后吸附量逐渐下降。30℃时对甲基橙的吸附量达到最大，为 919.33 mg/g，对亚甲蓝的吸附量，当温度小于 40℃时随着温度的升高而增大，当温度大于 40℃后吸附量逐渐减少，其最大吸附量为 883.23 mg/g。

碱性品红 - 亚甲蓝：从 20℃到 40℃，对两种染料的吸附量随温度的升高而增大，当温度为 40℃时达到吸附最佳，之后吸附量下降。对碱性品红和亚甲蓝的最大吸附量分别为 785.87 mg/g、804.64 mg/g。

产生这种现象的原因可能是低温有利于染料分子与磁性文冠果活性炭发生吸附反应，随着温度不断升高，染料分子活性增强，分子的热运动使其发生脱附反应，吸附量下降。

10.2.3　双组分染料溶液 pH 对 MXSBAC 吸附性能的影响

图 10-3 展示了 pH 对磁性文冠果活性炭吸附性能的影响。由图 10-3 可知，在初始浓度为 1 000 mol/L，吸附温度为 30℃，吸附时间为 120 min，磁性文冠果活性炭的质量为 0.05 g 的条件下，对三组双组分染料的吸附量随着 pH 的升高呈现先增大后减小的趋势，这是因为甲基橙是酸性染料，碱性品红、亚甲蓝是碱性染料。

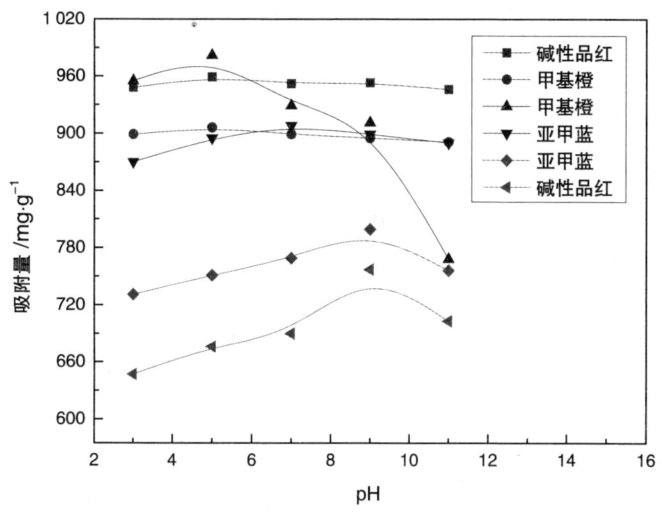

图 10-3　pH 值对活性炭吸附性能的影响

碱性品红 - 甲基橙混合溶液：pH 为 5 时吸附量达到最佳，对碱性品红的最大吸附量为 959.44 mg/g，对甲基橙的最大吸附量为 906.68 mg/g。pH 对其影响较小，因为碱性品红 - 甲基橙混合溶液呈中性，pH 值变化对其几乎没有影响。

甲基橙 - 亚甲蓝混合溶液：甲基橙 pH 为 5 时吸附量最好，最大吸附量为 982.97 mg/g。亚甲蓝 pH 为 7 时吸附量最好，最大吸附量为 908.21 mg/g。甲基橙是酸性染料，当 pH 较低时其不易离解，因此吸附量较小，随着 pH 的增大吸附量有所增加，但在碱性条件下甲基橙容易离解产生负离子，活性炭一般带负电，因此，容易发生经典排斥作用，所以吸附量又下降了。亚甲蓝是碱性染料，在酸性条件下与氢离子在磁性活性炭上产生竞争吸附，所以吸附量较小，随着 pH 的增大，氢氧根浓度增大，染料离解度变小，与磁性活性炭的静电斥力变小，吸附量增加。

碱性品红 - 亚甲蓝混合溶液：pH 为 8 时吸附量达到最佳，对碱性品红的最大吸附量为 734.24 mg/g，对亚甲蓝的最大吸附量为 805.13 mg/g。这是因为碱性品红和亚甲蓝都是碱性染料，在酸性条件下与氢离子在磁性活性炭上产生竞争吸附，所以吸附量较小，随着 pH 的增大，氢氧根浓度增大，染料离解度变小，与磁性活性炭的静电斥力变小，吸附量增加。

10.2.4 双组分染料溶液初始浓度对 MXSBAC 吸附性能的影响

图 10-4 展示了溶液初始浓度对磁性文冠果活性炭吸附性能的影响。由图 10-4 可知，在吸附时间为 120 min，吸附温度为 30℃，pH 为 5，磁性文冠果活性炭的质量为 0.05 g 的条件下，三组双组分染料的吸附量开始随着浓度的增加而逐渐增大，在初始浓度为 1 200 mg/L 时达到最佳值后继续增加浓度，吸附量几乎不再变化。

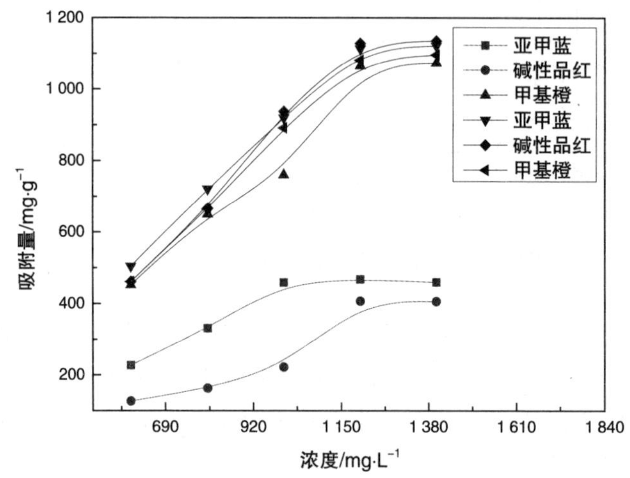

图 10-4 初始浓度对活性炭吸附性能的影响

碱性品红 - 甲基橙混合溶液：对碱性品红的最大吸附量为 1 125.36 mg/g，甲基橙的最大吸附量为 1 081.15 mg/g。

甲基橙 - 亚甲蓝混合溶液：对碱性品红的最大吸附量为 1 065.65 mg/g，对甲基橙的最大吸附量为 1 113.45 mg/g。

碱性品红 - 亚甲蓝混合溶液：对亚甲蓝的最大吸附量为 468.75 mg/g，对碱性品红的最大吸附量为 407.42 mg/g。

出现这种现象的原因可能是随着初始浓度的增大，染料和磁性文冠果活性炭的浓度差增大，传质推动力变大，染料分子的扩散速率加快，对吸附过程产生了促进作用，吸附量增大。当初始浓度达到 1 200 mg/L 时吸附达到饱和状态，吸附量几乎不再变化。

10.2.5 吸附动力学

伪一级动力学模型：假定吸附受扩散步骤控制，则吸附速率正比于平衡

吸附量与 t 时刻吸附量的差值。

$$\ln(Q_e\text{-}Q_t)=\ln Q_e\text{-}K_1 t \tag{2}$$

式中，Q_e 为某时刻的吸附量，mg/g；

Q_t 为平衡吸附量，mg/g；

K_1 为一级动力学模型速率常数，min^{-1}。

伪二级动力学模型：假定吸附速率受化学吸附机理的控制，认为化学吸附涉及吸附剂与吸附质之间的电学性质。

$$t/Q_t=t/Q_e+1/K_2 Q_e^{\ 2} \tag{3}$$

式中，Q_t 为 t 时刻吸附量，mg/g；

Q_e 为平衡吸附量，mg/g；

K_2 为二级动力学模型速率常数，mg/g · min^{-1}。

图 10–5，图 10–6 分别是磁性文冠果活性炭吸附亚甲蓝和甲基橙混合溶液的伪一级和伪二级动力学模型，表 10–1 为其速率常数和线性相关性参数。

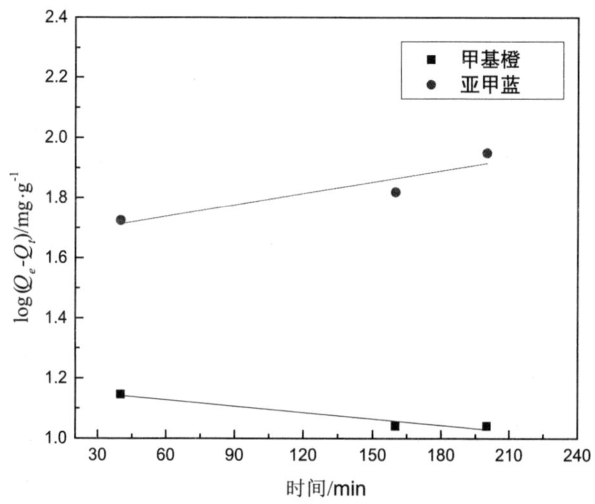

图 10–5　一级动力学模型

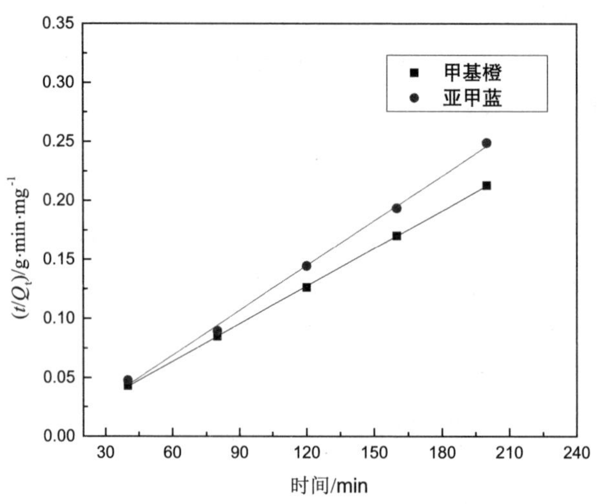

图 10-6　二级动力学模型

由表 10-1 可以看出，亚甲蓝和甲基橙的伪一级动力学的线性相关系数 R^2 分别为 0.869 4 和 0.884 6，而理论吸附量为 45.962 1 mg/g 和 14.801 3 mg/g。亚甲蓝和甲基橙的伪二级动力学的线性相关系数 R^2 分别为 0.998 1 和 0.998 3，理论吸附量为 769.230 8 mg/g 和 909.090 9 mg/g。而根据亚甲蓝和甲基橙的伪二级动力学测得的理论吸附量与实际测得的吸附量相差较小，因此，与伪一级动力学相比，磁性文冠果活性炭对此混合溶液的吸附更符合伪二级动力学模型，属于化学吸附。吸附速率取决于活性炭表面的吸附位点[7]。

表 10-1　MXSBAC 吸附亚甲蓝和甲基橙的动力学模型参数

	伪一级动力学			伪二级动力学		
	K_L/min^{-1}	Q_e/(mg/g)	R^2	K_2(g·(mg·min)$^{-1}$)	Q_e/(mg/g)	R^2
亚甲蓝	-0.003	45.962 1	0.869 4	0.000 2	769.230 8	0.998 1
甲基橙	0.001 6	14.801 3	0.884 6	0.006 1	909.090 9	0.998 3

图 10-7，图 10-8 分别是磁性文冠果活性炭吸附碱性品红和甲基橙混合溶液的伪一级和伪二级动力学模型，表 10-2 为其速率常数和线性相关性参数。

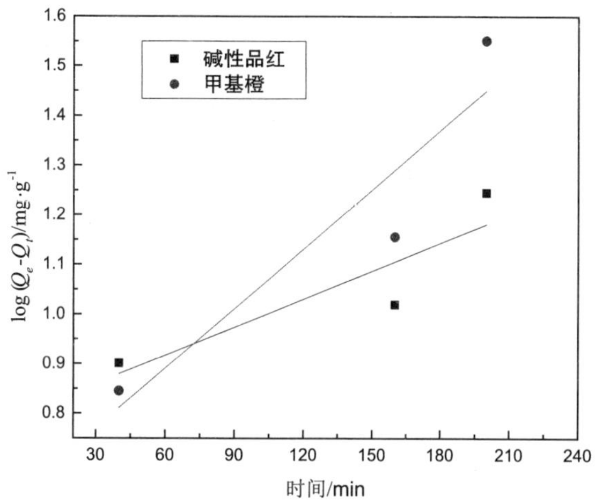

图 10-7 一级动力学模型

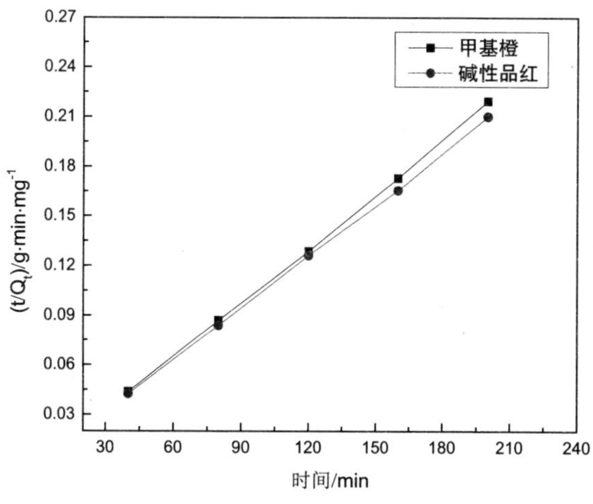

图 10-8 二级动力学模型

由表 10-2 可以看出，碱性品红和甲基橙的伪一级动力学的线性相关系数 R^2 分别为 0.803 3 和 0.881 7，而理论吸附量为 45.962 1 mg/g 和 14.801 3 mg/g。碱性品红和甲基橙的伪二级动力学的线性相关系数 R^2 分别为 0.998 4 和 0.998 2，理论吸附量为 967.235 8 mg/g 和 909.090 9 mg/g。而根据碱性品红和甲基橙的伪二级动力学测得的理论吸附量与实际测得的吸附量相差较小，因此与伪一级动力学相比，磁性文冠果活性炭对此混合溶液的吸附更符合伪二级动力学模型，属于化学吸附。吸附速率取决于活性炭表面的吸附位点。

表 10-2　MXSBAC 吸附碱性品红和甲基橙的动力学模型参数

	伪一级动力学			伪二级动力学		
	K_L/min^{-1}	Q_e/(mg/g)	R^2	K_2/[g·(mg·min)$^{-1}$]	Q_e/(mg/g)	R^2
碱性品红	0.000 8	45.962 1	0.803 3	0.001 4	967.235 8	0.998 4
甲基橙	0.009 2	14.801 3	0.881 7	0.001 5	909.090 9	0.998 2

图 10-9、图 10-10 是磁性文冠果活性炭吸附亚甲蓝和碱性品红混合溶液的伪一级和伪二级动力学模型，表 10-3 为其速率常数和线性相关性。

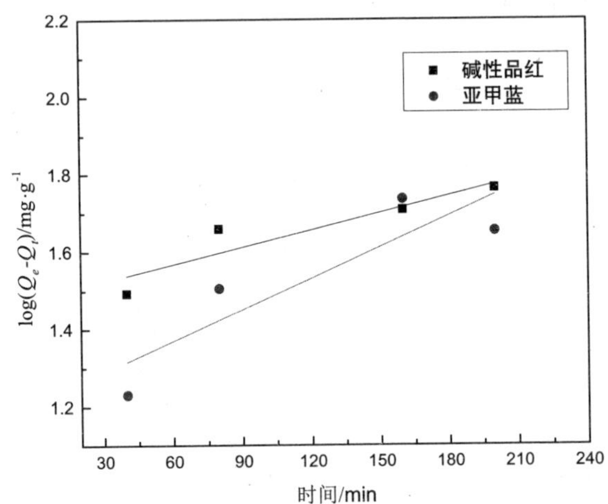

图 10-9　一级动力学模型

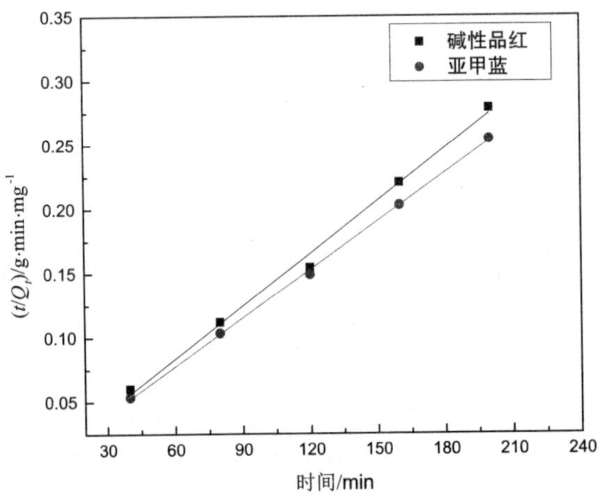

图 10-10　二级动力学模型

由表 10–3 可以看出，亚甲蓝和碱性品红的伪一级动力学的线性相关系数 R^2 分别为 0.783 6 和 0.851 3，而理论吸附量为 45.962 1 mg/g 和 14.801 3 mg/g。亚甲蓝和碱性品红的伪二级动力学的线性相关系数 R^2 分别为 0.997 8 和 0.998 1，理论吸附量为 769.230 8 mg/g 和 714.285 7 mg/g。而根据亚甲蓝和碱性品红的伪二级动力学测得的理论吸附量与实际测得的吸附量相差较小，因此，与伪一级动力学相比，磁性文冠果活性炭对此混合溶液的吸附更符合伪二级动力学模型，属于化学吸附。吸附速率取决于活性炭表面的吸附位点。

表 10–3　MXSBAC 吸附亚甲蓝和碱性品红的动力学模型参数

	伪一级动力学			伪二级动力学		
	K_L/min^{-1}	Q_e/(mg/g)	R^2	K_2/[g·(mg·min)$^{-1}$]	Q_e/(mg/g)	R^2
亚甲蓝	0.007 4	45.962 1	0.783 6	0.000 7	769.230 8	0.997 8
碱性品红	0.003 5	14.801 3	0.851 3	0.001 2	714.285 7	0.998 1

10.2.6　吸附等温线

Langmuir 吸附等温线：假定吸附剂的表面含有均匀的具有相同吸附能量而不与吸附分子相互作用的吸附位点。

$$C_e/Q_e=1/K_LQ_{max}+C_e/Q_{max} \tag{10–4}$$

式中，C_e 为液相吸附平衡浓度，mg/L；

Q_e 为液相平衡吸附量，mg/g；

Q_{max} 为理论最大吸附量，mg/g；

K_L 为 Langmuir 常数，L/mg。

Freundlich 吸附等温线：假定在自然状态下异构体表面的吸附带有不均匀分布的表面吸附热量。

$$\ln Q_e=\ln K_F+\ln C_e/n \tag{10–5}$$

式中，C_e 为液相吸附平衡浓度，mg/L；

Q_e 为液相平衡吸附量，mg/g；

K_F、n 为常数。

图 10–11 和图 10–12 分别为磁性活性炭吸附亚甲蓝和甲基橙混合溶液的 Langmuir 吸附等温线模型和 Freundlich 吸附等温线模型，表 10–4 是其速率常数和线性相关性参数。

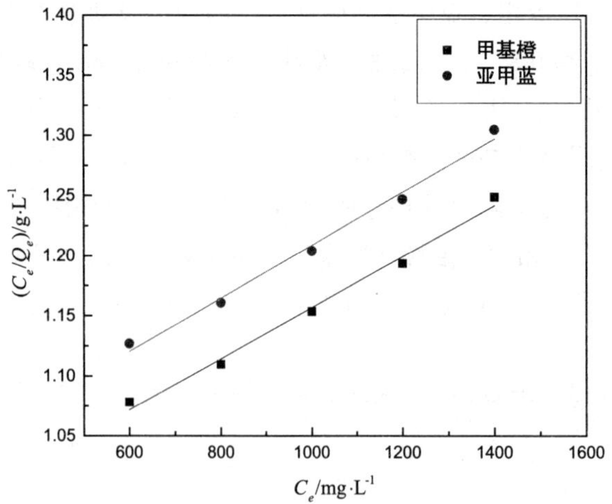

图 10-11　Langmuir 吸附等温线

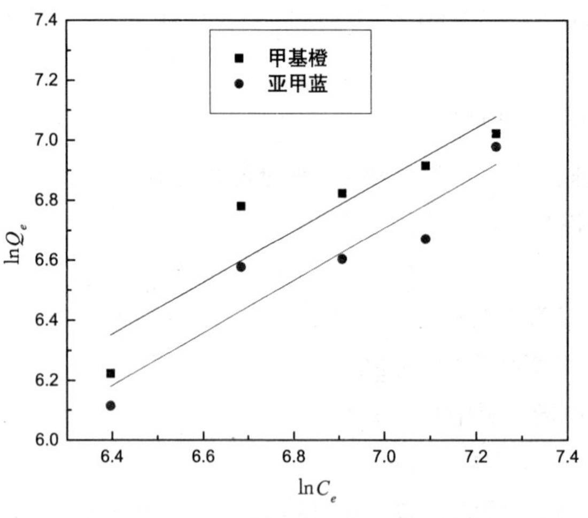

图 10-12　Freundlich 吸附等温线

由表 10-4 可以看出，亚甲蓝和甲基橙的 Langmuir 吸附等温线的相关系数 R^2 分别为 0.995 9 和 0.984 5，而 Freundlich 等温线的相关系数 R^2 分别为 0.872 8 和 0.874 8，相比较而言，Freundlich 吸附等温线相关系数 R^2 较低，所以磁性文冠果活性炭吸附混合溶液更符合 Langmuir 吸附等温线，此混合溶液的 Freundlich 方程经验常数 $1/n$ 分别为 1.067 4 和 0.989 6，一般认为 $0.1<1/n<0.5$ 时，易于吸附。$1/n>2$ 时难以吸附。所以说明磁性文冠果活性炭较易于吸附此双组分混合染料[8]。

表 10-4　MXSBAC 吸附亚甲蓝和甲基橙的等温线模型参数

	Langmuir 等温线			Freundlich 等温线		
	K_L/(L/mg)	Q_{max}/(mg/g)	R^2	K_F/[(mg/g)(L/mg)$^{1/n}$]	$1/n$	R^2
亚甲蓝	0.000 2	5 000	0.995 9	0.500 1	1.067 4	0.872 8
甲基橙	0. 000 2	5 000	0.984 5	0.941 1	0.989 6	0.874 8

图 10-13 和图 10-14 分别为磁性活性炭吸附碱性品红和甲基橙混合溶液的 Langmuir 吸附等温线模型和 Freundlich 吸附等温线模型，表 10-5 是其速率常数和线性相关性。

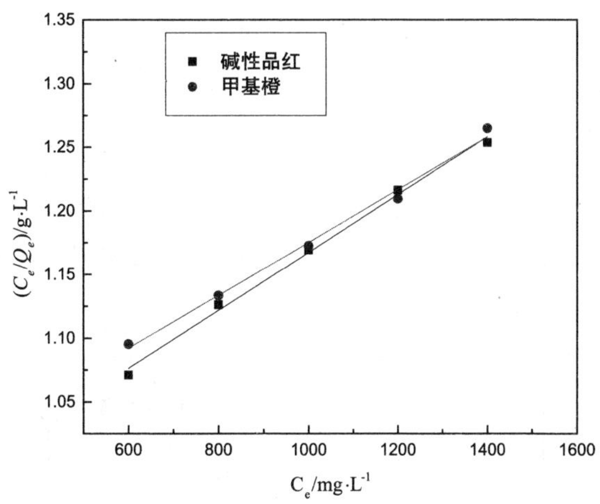

图 10-13　Langmuir 吸附等温线

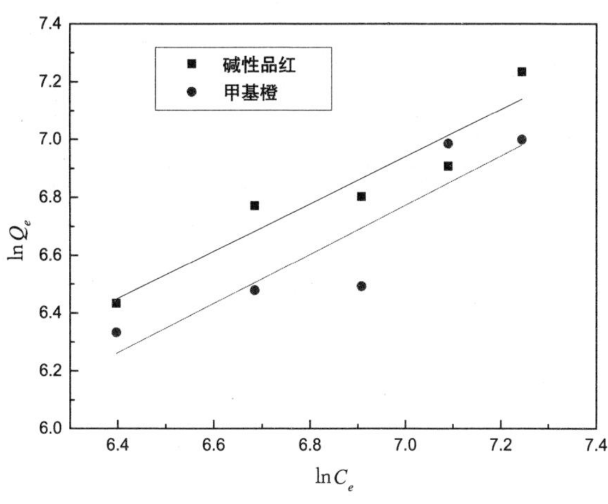

图 10-14　Freundlich 吸附等温线

由表 10-5 可以看出，碱性品红和甲基橙的 Langmuir 吸附等温线的相关系数 R^2 分别为 0.996 2 和 0.993 6，而 Freundlich 等温线的相关系数 R^2 分别为 0.793 5 和 0.830 8，相比较而言，Freundlich 吸附等温线相关系数 R^2 较低，所以磁性文冠果活性炭吸附混合溶液更符合 Langmuir 吸附等温线，此混合溶液的 Freundlich 方程经验常数 $1/n$ 分别为 1.039 和 1.133 8，说明磁性文冠果活性炭较易于吸附该双组分染料。

表 10-5　MXSBAC 吸附碱性品红和甲基橙的等温线模型参数

	Langmuir 等温线			Freundlich 等温线		
	K_L/(L/mg)	Q_{max}/(mg/g)	R^2	K_F/[(mg/g)(L/mg)$^{1/n}$]	$1/n$	R^2
碱性品红	0.000 2	500 0	0.996 2	0.484 1	1.039	0.793 5
甲基橙	0.000 1	100 00	0.993 6	0.341 3	1.133 8	0.830 8

图 10-15 和图 10-16 分别为磁性活性炭吸附亚甲蓝和碱性品红混合溶液的 Langmuir 吸附等温线模型和 Freundlich 吸附等温线模型，表 10-6 是其速率常数和线性相关性。

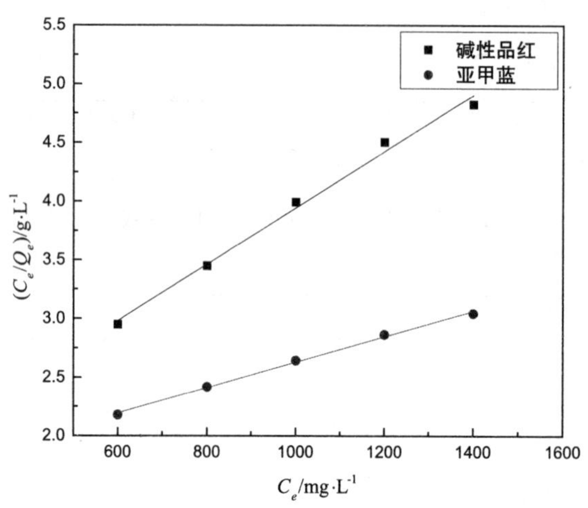

图 10-15　Langmuir 吸附等温线

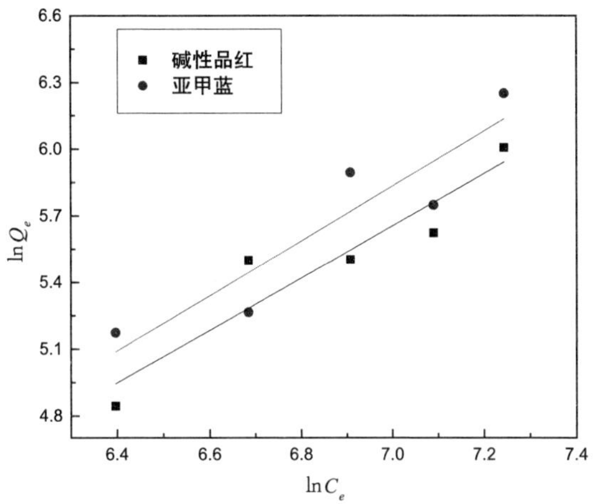

图 10-6　Freundlich 等温线

由表 10-6 可以看出，亚甲蓝和碱性品红的 Langmuir 吸附等温线的相关系数 R^2 分别为 0.998 5 和 0.997 8，而 Freundlich 吸附等温线的相关系数 R^2 分别为 0.867 3 和 0.747 8，相比较而言，Freundlich 吸附等温线相关系数 R^2 较低，所以，磁性文冠果活性炭吸附混合溶液更符合 Langmuir 吸附等温线，此混合溶液的 Freundlich 方程经验常数 $1/n$ 分别为 1.402 和 1.370 4，所以说明磁性文冠果活性炭较易于吸附此双组分染料。

表 10-6　MXSBAC 吸附亚甲蓝和碱性品红的等温线模型参数

	Langmuir 等温线			Freundlich 等温线		
	K_L/(L/mg)	Q_{max}/(mg/g)	R^2	K_F/[(mg/g)(L/mg)$^{1/n}$]	$1/n$	R^2
亚甲蓝	0.000 6	1 111.111	0.998 5	0.019 4	1.403 2	0.867 3
碱性品红	0.001 3	434.782 6	0.997 8	0.022 4	1.370 4	0.747 8

10.2.7　热力学参数

研究吸附热力学有利于深入了解对金属离子被吸附的过程和驱动力，公式如下：

$$\Delta G=\Delta H-T\Delta S \tag{10-6}$$

$$\mathrm{Ln}(Qe/Ce)=-(\Delta H/\mathrm{R}T)+\Delta S/\mathrm{R} \tag{10-7}$$

式中，ΔG 为吉布斯自由能，kJ/mol；

ΔH 为吸附焓，kJ/mol；

ΔS 为吸附熵；

T 为吸附温度，K；

R 为理想气体常数，8.314×10^{-3} kJ/(mol/K)；

Q_e 为液相平衡吸附量。

由表 10-7 可知，磁性活性炭与亚甲蓝、碱性品红混合溶液进行吸附反应时，$\Delta H<0$, 说明此反应是个放热反应；$\Delta G<0$，表明溶液中的亚甲蓝、碱性品红容易被吸附在磁性文冠果活性炭的表面，且反应是自发进行的；$\Delta S<0$，说明在吸附过程中磁性文冠果活性炭与亚甲蓝、碱性品红混合溶液界面上分子的运动无序性下降。所以，磁性文冠果活性炭吸附亚甲蓝、碱性品红混合溶液是一个自发、放热、熵降低过程。由表 10-7 可知，磁性文冠果活性炭吸附甲基橙和碱性品红混合溶液以及亚甲蓝和甲橙混合溶液都是一个自发、放热、熵降低过程。

表 10-7　MXSBAC 吸附染料的热力学模型参数

热力学参数	T/K	ΔG/kJ · mol^{-1}	ΔH/kJ · mol^{-1}	ΔS/kJ · mol^{-1}
亚甲蓝	−18.056 8	−33.065 8	−156.973 2	
碱性品红	303	−16.795 1	−37.475 8	−151.563 9
甲基橙	−17.324 5	−39.239 2	−121.451 6	
碱性品红	303	−15.993 2	−38.231	−152.302 4
亚甲蓝	−19.361 4	−34.031 4	−154.445 1	
甲基橙	303	−17.897 2	−40.322 9	−124.451 6

10.3　结论

（1）亚甲蓝、甲基橙双组分染料混合溶液在初始浓度为 1 200 mg/L，吸附温度为 30℃，吸附时间为 120 min，磁性文冠果活性炭量为 0.05 g，pH 为 5 时吸附效果较好。

（2）甲基橙，碱性品红双组分染料混合溶液在初始浓度为 1 200 mg/L，吸附温度为 30℃，吸附时间为 120 min，磁性文冠果活性炭量为 0.05 g，pH 为 7

时吸附效果较好。

亚甲蓝、碱性品红双组分染料混合溶液在初始浓度为 1 200 mg/L，吸附温度为 40℃，吸附时间为 120 min，磁性文冠果活性炭量为 0.05 g，pH 为 9 时吸附效果较好。

磁性文冠果活性炭分别吸附三组双组分混合染料的过程符合伪二级动力学模型和 Langmuir 吸附等温线模型，都是自发、放热、熵降低过程。

参考文献

[1] 孙杰，田奇峰，松树锯末对亚甲蓝（MB）的吸附研究 [J]. 环境工程学报，2012, 6(2): 419–422.

[2] 王艳，苏雅娟，李平，等 . 绿茶微粉对染料亚甲蓝和孔雀石绿的吸附研究 [J]. 中国食品学报，2011,11(4)：83–88.

[3] 廖钦洪，刘庆业，蒙冕武，等 . 稻壳基活性炭的制备及其对亚甲蓝吸附的研究 [J]. 环境工程学报，2011, 5(11):2447–2452.

[4] Yene　r J,Kopac T,Dogu G,et al. Dynamic analysis of sorption of Methylene Blue dye on granular and powdered activated carbon[J]. Chemical Engineering Journal,2008,144(3):400–406.

[5] Nguyen L N,Hai F I, Nghiem L D,et al. Enhancement of removal of trace organic contaminants by powdered activated carbon dosing into membrane bioreactors[J]. Journal of the Taiwan Institute of Chemical Engineers,2014,45(2):571–578.

[6] Xu J C,Xin P H, Han Y B, et al. Magnetic response and adsorptive properties for methylene blue of $CoFe_2O_4$/CoxFey /activated carbon magnetic composites[J]. Journalof Alloys and Compounds, 2014, 617:622–626.

[7] 郭昊，邓先伦，刘晓敏等 . 活性炭吸附正丁烷动力学性能研究 [J]. 林产化学与工业，2013, 33(4) : 101–107.

[8] 鲁敏，吕璇，李房玉，等 . 粉煤灰合成沸石对亚甲蓝的吸附热力学和动力学研究 [J]. 东北电力大学学报，2014, 34(6): 21–24.

第 11 章　文冠果壳活性炭纤维负载 K_2CO_3 制备生物柴油

寻找可以替代石油资源的可再生资源是各国学者研究的热点[1-2]，生物柴油，又叫脂肪酸甲酯，具有优越的燃动性及环保性[3-4]。利用酯交换反应制备生物柴油是常用技术，反应所用催化剂有固体碱 NaOH[5]、KOH[6] 和碱金属 Na_2SiO_3[7]、CaO[8]、$ZnO/Al_2O_3-SiO_2$[9] 等，固体酸 SO_4^{2-}/ZrO_2[10]、杂多酸[11]、分子筛[12] 等，以上催化剂具有良好的催化性，但也存在成本高、易污染及稳定性差等缺点。制备生物柴油的原料主要有沉香籽[13]、海藻[14]、废弃油脂[15]、棕榈油[16] 等。文冠果种仁含油率在 50% 左右[17]，作为生物柴油原料的发展潜力极大。

近年来，载体型催化剂的研究引起了广大学者的高度关注，木质素炭[18]、杭锦 2# 土[19]、稻壳灰[20] 等作为载体具有较高的催化活性和稳定性，本章以废弃的文冠果壳为原料，制备文冠果壳活性炭纤维（XSBACF），负载 K_2CO_3，用于文冠果生物柴油的制备。

11.1　实验部分

11.1.1　材料与仪器

本实验使用的试剂为文冠果壳活性炭纤维（XSBACF），采用 30% $(NH_4)_2HPO_4$ 活化制备所得；文冠果种仁油，在 60 ～ 90℃下用索氏提取法所得；碳酸钾、甲醇、石油醚等化学试剂购自国药集团化学试剂有限公司，均为分析纯。

使用的仪器为数显恒温水浴锅（HH-1L，上海恬恒），旋转蒸发仪（RE52CS，上海亚荣），箱式电阻炉（SX2-4-10，苏州江东），扫描电子显微镜（S-4800，日本日立），红外光谱仪（Tensor27，德国 Bruker），X 射线衍射仪（XRD6000，日本岛津）。

11.1.2 实验方法

1. K_2CO_3/XSBACF 催化剂的制备

将一定量的 XSBACF 和 K_2CO_3 混合，置于适量的蒸馏水中，在 75℃的恒温水浴锅中搅拌浸渍 2 h，在恒温干燥箱内 100℃下烘干 4 h。最后，在氮气保护下，置于箱式电阻炉中煅烧，获得 K_2CO_3/XSBACF 固体碱催化剂，保存备用。

2. K_2CO_3/XSBACF 催化剂的表征

采用日本日立公司生产的 S-4800 型扫描电子显微镜观察 XSBACF 及 K_2CO_3/XSBACF 固体碱催化剂的微观形态，所用电压为 10 kV；采用德国 Bruker 公司生产的 Tensor27 傅里叶红外光谱分析仪测试催化剂的红外光谱（FTIR），用 KBr 压片法制样，4 000 ～ 400 cm^{-1} 扫描；采用日本岛津公司 XRD6000 型 X 射线衍射仪进行催化剂物性结构分析，管电压 40 kV，管电流 30 mA，20° ～ 80° 扫描，扫描速率 4° /min，转速 30 r/min，步进角度 0.02°。

3. 文冠果生物柴油的制备

在装有冷凝管的 500 mL 的三口瓶中放入 50 mL 的文冠果种仁油，水浴加热至 75℃后，加入适量的 K_2CO_3/XSBACF 催化剂和甲醇，不断搅拌，恒温反应 3 h，分离出固体酸催化剂，将获得的混合物进行分层，上层油加酸中和、洗涤后得到淡黄色透明的生物柴油，下层洗涤至中性，蒸馏后得到甘油。根据公式（11-1）计算生物柴油的产率。

$$\omega = \frac{W}{V \times \rho} \tag{11-1}$$

式中 ω 为文冠果生物柴油的产率，%；

ρ 为文冠果种仁油的密度，0.848 6 g/cm^3；

V 为文冠果种仁油的加入体积，mL；

W 为生物柴油的质量，g。

11.2 结果与讨论

11.2.1 K_2CO_3 负载量对产率的影响

设置酯交换反应条件为温度 75℃，醇油摩尔比为 9 ： 1，催化剂用量

1%(以文冠果种仁油质量计)，时间 3 h。考察 K_2CO_3 的负载量对生物柴油产率的影响，结果如图 11-1 所示。

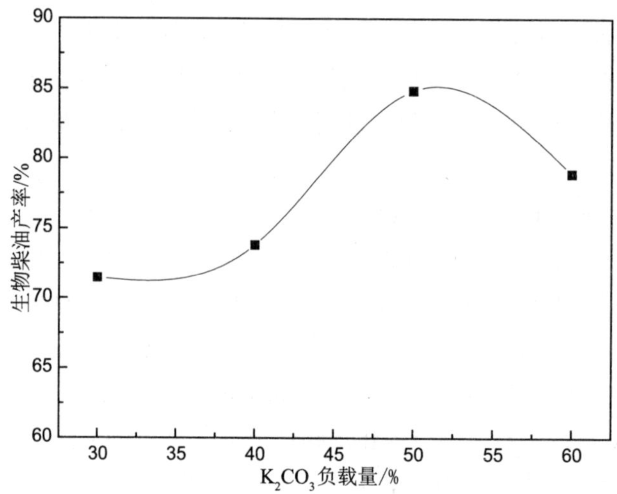

图 11-1 K_2CO_3 负载量对催化剂性能的影响

由图 11-1 可看出，当 K_2CO_3 负载量为 30% ～ 50%，生物柴油产率逐渐增加。当 K_2CO_3 用量超过 50% 时，K_2CO_3/XSBACF 催化性降低。这是由于 K_2CO_3 负载量过高，降低了其扩散度，催化剂的比表面积降低，XSBACF 表面孔结构遭毁坏，导致孔道堵塞，使孔道内的反应物分子扩散速率降低，催化效率较低，因而生物柴油的产率明显下降。当 K_2CO_3 负载量为 50% 时，生物柴油的产率最高，为 84.85%。

11.2.2 煅烧温度对产率的影响

设置酯交换反应条件同上，考察煅烧温度对生物柴油产率的影响，结果如图 11-2 所示。

由图 11-2 可知，当 K_2CO_3/XSBACF 煅烧温度低于 500℃时，煅烧温度越高，生物柴油产率增大越明显，产率最高可达 86.90%。当煅烧温度高于 500℃时，产率明显下降。这是因为煅烧温度过低，K_2CO_3/XSBACF 催化剂活性组分 K_2CO_3 不能较好地扩散在 XSBACF 孔结构中，催化剂的效果不好；煅烧温度比较高时，催化剂活性组分会发生烧结，导致 K_2CO_3 自分解，微孔数量也随之变大，导致比表面积也增大，催化能力降低，所以煅烧温度选择 500℃为宜。

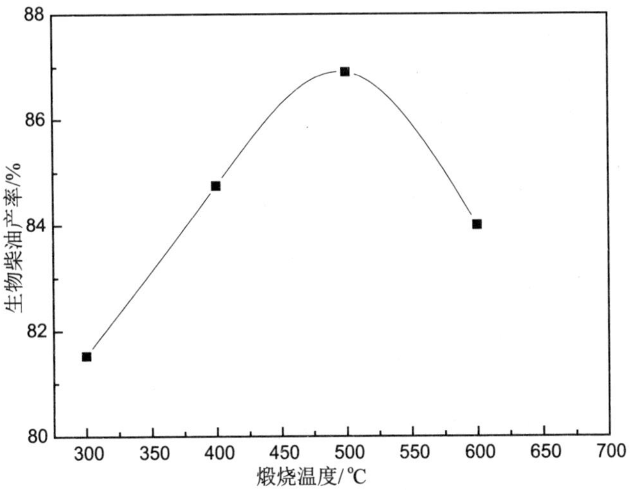

图 11-2　煅烧温度对催化剂性能的影响

11.2.3　煅烧时间对产率的影响

设置酯交换反应条件同上，考察煅烧时间对生物柴油产率的影响，结果如图 11-3 所示。

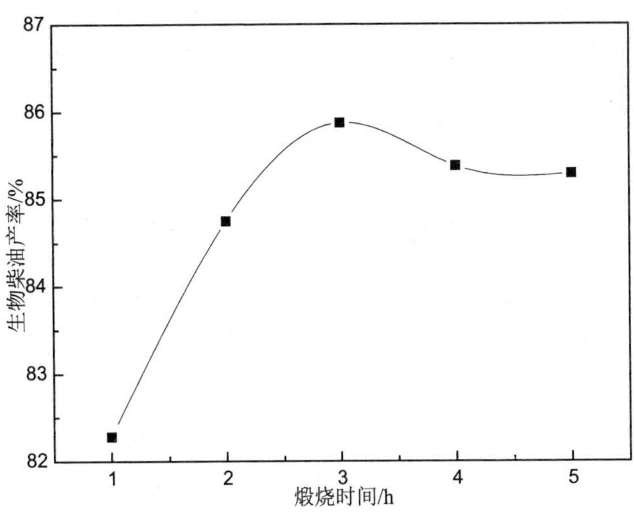

图 11-3　煅烧时间对催化剂性能的影响

由图 11-3 可知，煅烧时间由 1 h 延长至 3 h 时，生物柴油的产率明显增大，最高可达85.87%，延长时间，产率变化不大。这是由于煅烧时间过短，活性组分 K_2CO_3 以分子形式存在，并没有与XSBACF载体形成微观接触[21]，催化效率较低。当煅烧时间超过3 h时，活性组分能充分地分散在XSBACF表面，生物柴油产率变化不大。因此，选择煅烧3 h为最佳。

11.2.4 K_2CO_3/XSBACF催化剂的表征

由图11-4可知，在890.7 cm^{-1} 和708.6 cm^{-1} 处有振动吸收峰，这是由 K_2CO_3 中 CO_3^{2-} 的对称伸缩振动形成，说明 K_2CO_3 被负载到XSBACF上。1 133.7 cm^{-1} 处出现的吸收峰是由K—O伸缩振动形成，说明在500 ℃时，K_2CO_3 在XSBACF表面发生了分解，产生了较强的碱性位 K_2O。3 175.5 cm^{-1} 处的吸收峰为OH—伸缩振动吸收峰，因催化剂表面吸附了空气中的水而形成。

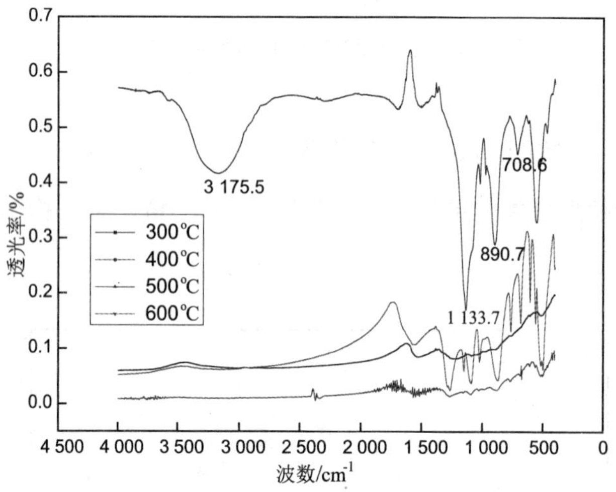

图4 不同煅烧温度 K_2CO_3/XSBACF的红外光谱图

由图11-5可知，随着煅烧温度的不同，K_2CO_3/XSBACF呈现出差异较大的衍射峰。在13.86°、26.34°和39.63°处出现了 K_2CO_3 晶相的衍射峰，在28.23°和28.82°处的衍射峰由形成的 K_2O 所致，这说明经过高温煅烧后，K_2CO_3 成功负载到XSBACF上，且部分 K_2CO_3 在XSBACF表面形成了碱性更强的新晶相，使 K_2CO_3/XSBACF催化剂的催化活性中心更多，催化效果更好。

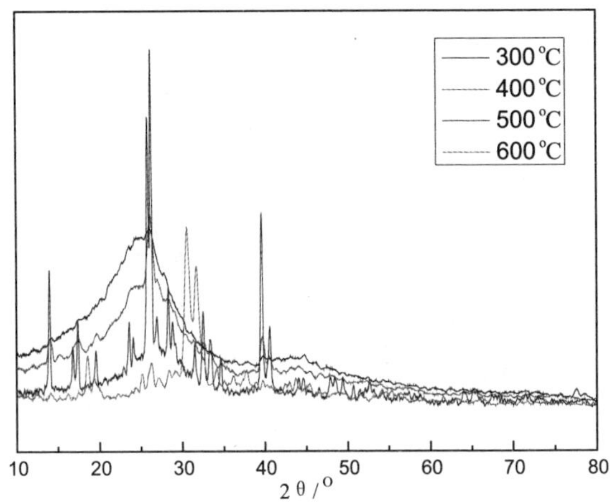

图 11-5　不同煅烧温度 K_2CO_3/XSBACF 的 XRD 谱图

在活化温度 700℃下得到的文冠果活性炭纤维的扫描电镜照片，如图 11-6 所示，XSBACF 具有良好的纤维形态，表面具有丰富的孔隙结构。图 11-7 为焙烧后的 K_2CO_3/XSBACF 的扫描电镜照片，晶体颗粒之间堆积疏松，有明显间隙，且表面光滑平整，这是在煅烧过程中，K_2CO_3 在 XSBACF 表面产生新的活性中心 K_2O 晶相物系附着于催化剂表面的缘故，分散均匀，结构规整，颗粒间没有发生团聚和烧结，使该催化剂具有了更高的活性，有利于提高文冠果生物柴油的产率。

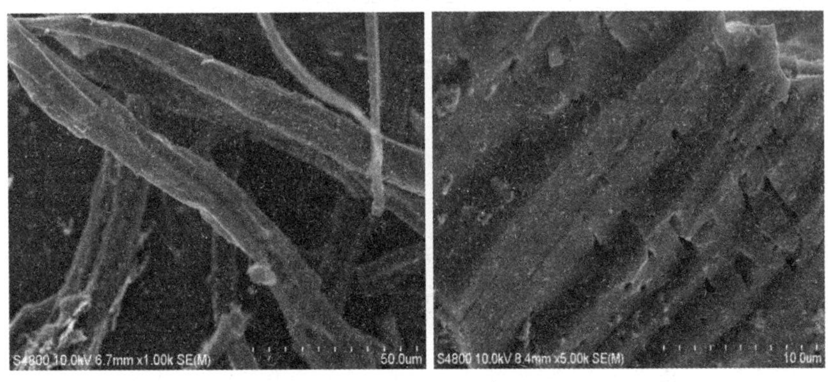

图 11-6　XSBACF 的 SEM 图

图 11-7　K_2CO_3/XSBACF 的 SEM 图

11.2.5　酯交换反应条件对生物柴油产率的影响

在 K_2CO_3/XSBACF 用量为油重的 1.5%，反应时间为 2 h，醇油比为 9 ： 1 的条件下，考察反应温度对生物柴油产率的影响，如图 11-8 所示。温度从 60℃升至 70℃时，生物柴油产率增大，温度的升高导致了文冠果种仁油和 K_2CO_3/XSBACF 的有效接触，并发生反应，传质阻力降低，催化效率提高，产率最高可达 83.69%。当反应温度超越 70℃时，生物柴油的产率逐渐下降，这是由于高温引起了甲醇的挥发，因此，反应温度应选择 70℃。

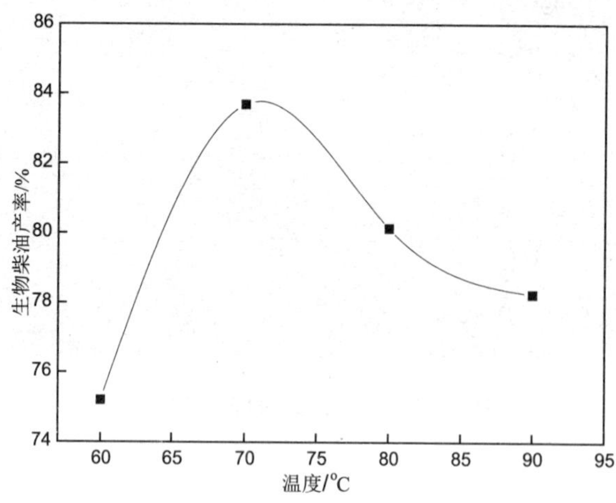

图 11-8　不同反应温度对生物柴油产率的影响

在 K_2CO_3/XSBACF 用量为油重的 1.5%、反应时间为 2 h、反应温度为 70℃的条件下，考察醇油摩尔比对生物柴油产率的影响，如图 11-9 所示。由图 11-9 可以看出，当醇油摩尔比从 8 ∶ 1 增至 9 ∶ 1 时，生物柴油的产率随之增大，最高达 84.74%，根据化学平衡原理，过量的甲醇可使反应朝正反应方向进行，产率增大。当醇油摩尔比大于 9 ∶ 1 时，产率变化不大，而且甲醇过量会导致溶液极性增大，因此，选择醇油摩尔比为 9 ∶ 1 为宜。

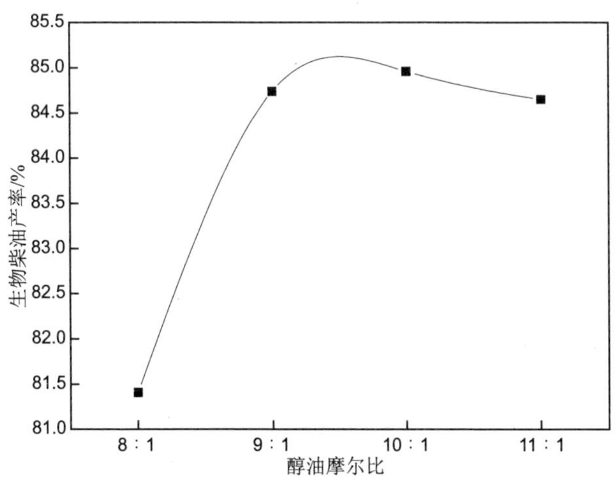

图 11-9　摩尔比对生物柴油产率的影响

在反应时间为 2 h，反应温度为 70℃，醇油摩尔比为 9 ∶ 1 的条件下，考察 K_2CO_3/XSBACF 用量对生物柴油产率的影响，结果如图 11-10 所示。由图 11-10 可知，增加催化剂用量，可以提供更多的催化活性中心，提高生物柴油产率，当 K_2CO_3/XSBACF 用量为油重的 1.5%，即 0.7 g 时，生物柴油的产率最高为 85.10%。当继续增大 K_2CO_3/XSBACF 用量时，会引起反应中的副反应的发生，产率反而下降，因此，选择 K_2CO_3/XSBACF 用量为油重的 1.5% 较为合适。

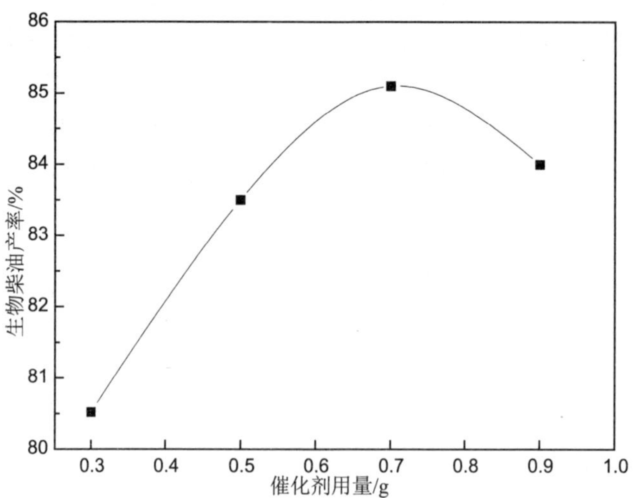

图 11-10　催化剂用量对生物柴油产率的影响

11.3　结论

当 K_2CO_3 负载量为 50%、煅烧温度为 500℃、煅烧时间为 3 h 时，催化剂的催化性能最佳，在此条件下文冠果生物柴油的产率最高可达 86.90%。

通过 SEM 分析，XSBACF 具有良好的纤维形态，表面具有丰富的孔隙结构，K_2CO_3/XSBACF 有活性中心 K_2O 晶相，分散均匀，结构规整。通过 XRD 和 FTIR 表征，K_2CO_3 和 XSBACF 之间经过高温煅烧，彼此间互相作用形成新的晶体，确定了催化剂的活性中心分别为 K_2CO_3 和 K_2O。

以 K_2CO_3/XSBACF 为催化剂，文冠果生物柴油的最佳制备条件为醇油比 9 ∶ 1，催化剂用量 1.5%，反应温度 70℃，反应时间 2 h，生物柴油产率最高达 85.10%。

参考文献

[1] Khan A M, Khaliq S, Sadiq R. Investigation of waste banana peels and radish leaves for their biofuels potential[J]. Bulletin of the Chemical Society of Ethiopia 2015, 29 (2):239–245.

[2] Rabu R A, Janajreh I,Honnery D. Transesterification of waste cooking oil: process

optimization and conversion rate evaluation[J].Energy Conversion and Management, 2013, 65(6):764–769.

[3] Abbaszaadeh A,Ghobadian B, Omidkhah M R,et al.Current biodiesel production technologies: acomparative review[J]. Energy Conversion and Management, 2012,63(11):138–148.

[4] Maceiras R, Rodríguez M, Cancela A,et al.Macroalgae:raw material for biodiesel production[J].Applied Energy, 2011,88(10): 3318–3323.

[5] Ahmed W , Nazarc M F, Ali S D, et al. Detailed investigation of optimized alkali catalyzed transesterification of Jatropha oil for biodiesel production[J]. Journal of Energy Chemistry, 2015(24):331–336.

[6] Vicente G, Martinez M, Aracil J. Integrated biodiesel production: A comparison of different homogeneous catalysts system[J]. Bioresource Technology, 2004, 92(3):297–305.

[7] Gui X, Chen S C, Yun Z. Continuous production of biodiesel from cottonseed oil and methanol using a column reactor packed with calcined sodium silicate base catalyst[J]. Chinese Journal of Chemical Engineering, 2016(24): 499–505.

[8] 王广欣，颜姝丽，周重文，等．用于生物柴油的钙镁催化剂的制备及其活性评价 [J]. 中国油脂，2005, 30(10): 66–69.

[9] 邱露，谭浩，黄建东，等．ZnO/Al_2O_3–SiO_2 固体碱催化动物脂肪废油制备生物柴油 [J]. 环境工程学报，2015, 12(9): 6097–6102.

[10] Corma A. Influence of preparation conditions on the structure and catalytic properties of SO_4^{2-}/ZrO_2 superacid catalysts[J]. Applied Catalysis A,General,1994,116(1–2): 151–163.

[11] Sree R, Kuriakose S. Alkali salts of heteropoly tungstates: Efficient catalysts for the synthesis of biodiesel from edible and non–edible oils [J]. Journal of Energy Chemistry ,2015,(24):87–92.

[12] Morales I J, Gonzalez J S, Torres P M, et al. Aluminum doped SBA–15 silica as acid catalyst for the methanolysis of sunflower oil[J]. Applied Catalysis (B), 2011, 105,2(1): 199–205.

[13] 张爱华，易智彪，吴红，等．响应面法优化钙基固体碱 KF/CaO 催化沉香籽油制备生物柴油 [J]．林业工程学报，2016, 1(5): 89–94.

[14] Khan A M, Fatima N, Hussain M S, et al. Biodiesel production from green sea weed Ulva fasciata catalyzed by novel waste catalysts from Pakistan Steel Industry[J].

Chinese Journal of Chemical Engineering, 2016,(24): 1080–1086.

[15] 刘伟伟，马欢，袁丽霞，等．餐厨废油脂肪酸固体酸催化气相反应制备生物柴油 [J]. 农业机械学报，2014, 45(8): 201–205.

[16] 司展，蒋剑春，王奎，等．碳基固体酸催化剂加压催化合成生物柴油 [J]. 农业工程学报，2014, 30(1): 169–174.

[17] 邓红，仇农学，孙俊，等．超声波辅助提取文冠果籽油的工艺条件优化 [J]. 农业工程学报，2007, 23(11): 249–254.

[18] 黎先发．木质素炭载体的制备及其在生物柴油合成中的应用 [D]. 合肥：中国科学技术大学，2014.

[19] 丁立军．文冠果种仁油制备生物柴油技术的研究 [D]. 呼和浩特：内蒙古农业大学，2013.

[20] 单锐，陈冠益，陈鸿，等．稻壳灰负载 K_2CO_3 催化制备生物柴油 [J]. 天津大学学报，2015, 48(1): 7–12.

[21] 胡秀英，马迪，杨廷海，等．固体碱催化剂 K_2CO_3 /Al_2O_3 的制备及其催化餐饮废油制生物柴油的性能 [J]. 燃料化学学报，2014, 42(6): 683–689.

第 12 章　结论与展望

12.1　结论

XSBSAC 含有丰富的微孔和中孔结构，总比表面积为 1 364.596 m²/g，平均孔径为 1.62 nm，孔结构主要分布在 0 ～ 2 nm，2 ～ 10 nm，通过 SEM 及 XRD 分析，XSBSAC 孔隙发达，具有很高的比表面积，表面具有羟基、胺基等活性基团，吸附性能较强；当 Cu^{2+} 初始浓度为 0.008 mol/L，pH 为 7 时，XSBSAC 吸附 Cu^{2+} 等温线符合 Langmuir 方程，准二级动力学方程能较好地描述其吸附的动力学过程；在 303 ～ 323 K 温度范围内，XSBSAC 吸附 Cu^{2+} 的吸附自由能 $\Delta G^{o}<0$、吸附焓变 $\Delta H^{o}>0$、吸附熵变 $\Delta S^{o}<0$，表明活性炭吸附 Cu^{2+} 是一个自发的吸热过程，温度的升高利于活性炭的吸附。

通过 SEM-EDX 分析，XSBHAC 存在丰富的微孔或者中孔结构，吸附前后 XSBHAC 表面的元素含量出现了明显变化，证实了 Pb^{2+} 在吸附过程中发生了表面沉淀；在 XSBHAC 吸附 Pb^{2+} 的实验中研究了时间、Pb^{2+} 初始浓度、pH、温度对吸附效果的影响，得到了最佳工艺条件：当时间为 40 min，Pb^{2+} 初始浓度为 0.003 2 mol/L，pH 为 5，温度为 30℃条件下，吸附量最大，为 656.54 mg/g；当稀硝酸浓度为 0.06 mol/L，温度为 60℃，时间为 40 min，解吸率最大，为 96.13%；在 Pb^{2+} 初始浓度为 0.000 5 ～ 0.005 mol/L，XSBHAC 吸附 Pb^{2+} 等温线符合 Langmuir 方程，准二级动力学方程能够较好地描述其吸附的动力学过程；在 303 ～ 323 K 实验温度范围内，XSBHAC 吸附 Pb^{2+} 热力学参数 $\Delta G^{o}<0$、$\Delta H^{o}<0$、$\Delta S^{o}<0$，说明该吸附是一个自发的放热过程，温度的升高不利于 XSBHAC 对 Pb^{2+} 的吸附。

改性文冠果活性炭的红外光谱图表明，活性炭经改性后其表面引入了一些新的官能团，表面极性减弱有利于吸附；XRD 谱图表明：改性文冠果活性炭有乱层石墨结构，层间距较大，其微晶层数较少，孔隙结构比较发达，更易于吸附；改性文冠果活性炭对 Ca^{2+} 吸附结果显示，Ca^{2+} 初始浓度为 500 mg/g，吸附时间为 120 min，吸附温度为 30℃，pH 为 2，改性文冠果活性炭量为 0.05 g 时，改性文冠果活性炭对 Ca^{2+} 的吸附量最大，为 285.9 mg/g；整个吸附试验过程符合伪二级动力学模型和 Langmuir 吸附等温线模型，是一个自发、放热、熵降低的过程。

根据 $La(NO_3)_3$/XSBAC 的红外光谱图可知，活性炭经过稀土改性后含氧官能团数量增多，导致活性炭表面极性下降；XRD 和 SEM 谱图表明：$La(NO_3)_3$/XSBAC 具有乱层石墨结构，有较大的层间距，表面孔隙比改性前的孔隙结构减少；$La(NO_3)_3$/XSBAC 吸附 Hg^{2+} 的最佳条件为 $La(NO_3)_3$/XSBAC 添加量为 0.05 g，Hg^{2+} 溶液初始浓度为 250 mg/L，吸附时间为 150 min 和温度为 35℃，吸附量最大达 78.9 mg/g。$La(NO_3)_3$/XSBAC 吸附 Hg^{2+} 试验过程符合伪二级动力学模型和 Freundlich 吸附等温线模型，是一个自发、放热、熵降低的过程。

根据 $Ce(NO_3)_3$/XSBAC 的 SEM 谱图可知，经双氧水氧化处理后的 XSBAC 表面有利于白色颗粒铈离子的分散，由 XRD 和 FTIR 谱图可知，500℃煅烧制得的 $Ce(NO_3)_3$/XSBAC 含氧官能团数量增多且峰型明显，X 射线衍射峰强度较弱，结晶度较低；当 Hg^{2+} 溶液初始浓度为 250 mg/L，$Ce(NO_3)_3$/XSBAC 投放质量为 0.03 g，pH 为 4，吸附时间为 240 min，吸附温度为 30℃时，$Ce(NO_3)_3$/XSBAC 对 Hg^{2+} 溶液的吸附量最大，为 149.5 mg/g；$Ce(NO_3)_3$/XSBAC 吸附 Hg^{2+} 试验过程符合伪二级动力学模型和 Freundlich 吸附等温线模型，是一个自发、放热、熵降低的过程。

在文冠果活性炭的中性固液体系中直接添加纳米 Fe_3O_4 颗粒，分散搅拌合成 Fe_3O_4/XSBAC，减少了制备活性炭和 Fe_3O_4/XSBAC 中间的反复洗涤过程。通过一系列表征分析可得，纳米 Fe_3O_4 颗粒负载在文冠果活性炭的表面，且 Fe_3O_4/XSBAC 上存在铁氧官能团，结晶度提高，相比 XSBAC，其比表面面积降低了 139.1 m^2/g，微孔孔径由 0.775 3 nm 下降到 0.668 4 nm，磁化后的 XSBAC 的部分微孔结构被纳米 Fe_3O_4 负载，起到主要吸附作用的中孔结构变化不大；XSBAC 吸附 Hg^{2+} 的实验结果显示 Hg^{2+} 溶液的初始浓度为 250 mg/L，吸附时间为 300 min，吸附温度为 30℃，pH 为 2，XSBAC 添加量为 0.05 g 时，XSBAC 对 Hg^{2+} 的吸附量和去除率最大，分别为 96.413 mg/g 和 97.98%；Fe_3O_4/XSBAC 吸附 Hg^{2+} 的实验结果显示，Hg^{2+} 初始浓度为 250 mg/L，吸附时间为 180 min，吸附温度为 30℃，pH 为 2，Fe_3O_4/XSBAC 添加量为 0.05 g 时，Fe_3O_4/XSBAC 对 Hg^{2+} 的吸附量和去除率最大，分别是 97.069 mg/g 和 99.61%；Fe_3O_4/XSBAC 对 Hg^{2+} 吸附试验过程符合伪二级动力学方程和 Freundlich 吸附等温线模型，热力学吸附表明，该吸附过程是一个自发、放热、熵降低的过程。

MXSBAC 的红外光谱图表明活性炭经磁化后其表面引入了一些新的官能团，表面极性减弱有利于吸附。XRD 谱图表明 MXSBAC 有乱层石墨结构，层间距较大，其微晶层数较少，孔隙结构比较发达，更易于吸附；MXSBAC 对 MB、BF、MO 三种染料的吸附实验表明，当 MB、MO、BF 三种染料混合溶液的初始浓度为 1 200 mg/L，吸附温度为 40℃，吸附时间为 120 min，MXSBAC 加入量为 0.05 g，pH 分别为 9、6、9 时，吸附量最大，分别为 726.54 mg/g、938.87 mg/g 、731.77 mg/g；MXSBAC 吸附三种混合染料的过程符合伪二级动力学模型和 Langmuir 吸附等温线模型，都是自发、放热、熵降低过程。

当亚甲蓝、甲基橙双组分染料混合溶液初始浓度为 1 200 mg/L，吸附温度为 30℃，吸附时间为 120 min，磁性文冠果活性炭量为 0.05 g，pH 为 5 时，磁性文冠果活性炭的吸附效果较好；当甲基橙、碱性品红双组分染料混合溶液初始浓度为 1 200 mg/L，吸附温度为 30℃，吸附时间为 120 min，磁性文冠果活性炭量为 0.05 g，pH 为 7 时，磁性文冠果活性炭的吸附效果较好；当亚甲蓝、碱性品红双组分染料混合溶液初始浓度为 1 200 mg/L，吸附温度为 40℃，吸附时间为 120 min，磁性文冠果活性炭量为 0.05 g，pH 为 9 时，磁性文冠果活性炭的吸附效果较好；磁性文冠果活性炭分别吸附三组双组分混合染料的过程符合伪二级动力学模型和 Langmuir 吸附等温线模型，都是自发、放热、熵降低过程。

当 K_2CO_3 负载量为 50%，煅烧温度为 500℃，煅烧时间为 3 h 时，催化剂的催化性能最佳，在此条件下文冠果生物柴油的产率最高可达 86.90%；通过 SEM 分析，XSBACF 具有良好的纤维形态，表面具有丰富的孔隙结构，K_2CO_3/XSBACF 有活性中心 K_2O 晶相，分散均匀，结构规整。通过 XRD 和 FTIR 表征，K_2CO_3 和 XSBACF 之间经过高温煅烧，彼此间互相作用形成新的晶体，确定了催化剂的活性中心分别为 K_2CO_3 和 K_2O；以 K_2CO_3/XSBACF 为催化剂，文冠果生物柴油的最佳制备条件为醇油比 9 ∶ 1，催化剂用量 1.5%，反应温度 70℃，反应时间 2 h，生物柴油产率最高达 85.10%。

12.2　研究展望

近几年，内蒙古自治区水资源虽然得到了较好的保护，但是仍然存在水量日益缺乏，水污染日益加重的问题，人们对健康环保、可持续发展提出了更高的要求，进而带动了绿色环保、可重复循环利用的废水处理新材料技术产业的发展，如天然生物质材料综合利用的快速增长。

本书所选用的研究对象为文冠果，在我区广泛分布，廉价易得，完全可以满足本实验的需求。文冠果活性炭热稳定性高且化学性质良好，用作吸附剂具有较大的潜力。由于其具有较大的表面积和较高的孔隙率，对工业废水中的重金属离子 (Pb^{2+}、Cu^{2+}、Hg^{2+} 等) 有较好的吸附效果，已经被广泛用于污水处理中，但仍存在文冠果活性炭表面的活性官能团相关研究较少，重金属的吸附达到平衡耗时较长等问题。

在废液处理工艺中，对不同条件（酸、碱、盐）下文冠果活性炭的可再生循环利用研究，为原料的回收利用奠定更加扎实的理论基础，降低吸附剂的生产成本。利用文冠果活性炭吸附工业废水时，由于这是一个持续的动态吸附过程，因此，在实际应用中需要考虑活性炭的颗粒尺寸、废水的流速和浓度等一系列因素，揭示实际吸附传质的过程，为文冠果活性炭吸附废水废液的实际过程提供更多的依据。现实工业排放的废水废液，通常都含有众多吸附质，比如金属离子、有机染料及其他杂质等，这些共存的吸附质会影响文冠果活性炭的实际吸附过程，所以，在未来的研究中，还需考虑废水中常见的其他成分和杂质，在此基础上确定最优净化工艺条件，从而使文冠果活性炭在工业废水废液处理方面发挥更大的作用。